厉害坏了的科学

数学妙无穷

炫酷好玩的数的知识

【英】迈克 · 戈德史密斯 (Mike Goldsmith) 著
【英】安德鲁 · 平德 (Andrew Pinder) 图

张晓红 译

上海科技教育出版社

走进数的世界

分数让你很有挫败感吗？数让你疯掉了吗？不要害怕，这本书会给你一个旋风之旅，带你穿行在迷人的数学世界里，直到你为百分数痴狂而把小数奉为神圣。

这本书也不单单是讲数学的一些细节性内容，有些章节还告诉我们数学如何影响到方方面面：从动物的行为方式，到你所欣赏音乐的方式。历史上很多伟大的思想家都热爱数学，并通过数学发明了一些很酷的东西，或者发现了很多新东西。

这本书会在你写家庭作业时帮到你，还会教你一些在朋友面前出风头的新东西，更可能的是，它会把你变成一名数学爱好者！

目　录

俏皮的数

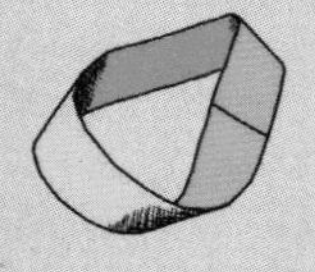

惊人的几何图形

有趣的测量

戏剧性的数据

高超的数学

数学天才

俏皮的数

105 远古时代的数

在发明计算器和计算机之前很久远的时候，人们通过在木棍子或者骨头上刻线条来记录他们计过数的事物。这类计数行为已知的最早一个例子是在南非的一个山洞里发现的。那是一根狒狒的骨头，上面刻了 29 根线条。测试结果表明，这些刻痕是 35 000 年以前的。

嚯！看到了

这些线条，或者说刻痕，可能是用于对某种事物进行计数的，如动物或人，或者逝去的日子。

起初，唯一使用的数字符号是“|”，其实就是在骨头上刻的直线。所以如果人们想数到 1000，他们就得找到一大堆狒狒骨头来刻上 1000 个“|”。

今天，我们有 10 个数码或者说数字 0，1，2，3，4，5，6，7，8，9。这些数码组成了人们所称的“十进制”（decimal system）——decimal 这个词来源于拉丁文 decimus，意思是“十”。

十进制对人类来说是一个非常合乎逻辑的计数方法，因为大多数人是从数他们的 10 根手指头开始知道数的。其实在英文里，“数码”（digit）这个单词也有“手指”的意思。古代的人们也和你我一样，很可能是通过掰手指开始学习计数的。

古埃及人的计数方法

已知最早的以 10 为基数的计数系统是古埃及人在 5000 多年前使用的。埃及人用一组线段来表示数 1 到 9。它们看起来就像这样：

他们用一个新的符号来代表 10，更大的数就用和一起来表示。所以 22 就写成：。他们用表示 100，用表示 1000，用表示 1 000 000。

一百万对于古埃及人来说是非常巨大的，所以它也表示“一个巨大的数”这个意思。

一直使用的数字

古罗马人也用十进制数。他们用字母来表示数。例如，I（1），V（5），X（10），L（50）和 C（100）。后来又添进了 D（500）

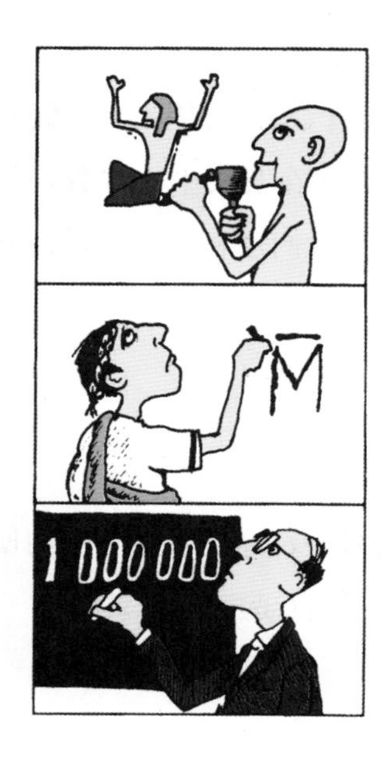

和 M（1000）。

为了表示一个数，古罗马人把这些字母排在一起，并根据排序对它们做加法或减法。例如：如果 I 被放在一个代表较大数的字母前面，就表示“减少 1”。Ⅸ就代表 9，即“比十少一”。符号 CL 被用来表示 150——即 100 加上 50。所以将字母 CCLⅦ加在一起就代表 257。

你现在仍可以在一些钟表上或者在一些电视节目的结尾处看到罗马数字（后者表示节目的制作日期）。

105 一无所有

人们使用计数系统几个世纪后，意识到漏掉了一样东西——零！虽然一个叫托勒密的古希腊人曾试验性地用过零，但是一直到9世纪末，零才开始被常规性地使用。

算我一个

如果没有零，就没有办法讲出（比方说）166、1066和166 000的区别。对于秒表、尺子和温度计等所有计量工具来说，从零开始也最方便。

为了能讲出这种区别，一个新的计数系统“位值记法”应运而生——它使用了数的“位值”。这个计数系统把一个数分成一列一列的，从最右边的“个位”开始，往左为“十位”，再“百位”“千位”等等。例如，对于数3975，你可以很简单地看出它有3个1000，9个100，7个10和5个1。

在这个计数系统中，你数到9以后，你就在十位上放上1，在个位上复原到0重新计数。数到19后，原来十位上的1就变成2，个位又从0开始。如此往复一直数到99。然后在百位上放1，十位和个位上都复原到零重新开始。

105 怎样和计算机对话

我们称十进制以 10 为基数。其实还存在其他基数。最简单的就是以 2 为基数，也叫“二进制”。它只使用 1 和 0 两个数码。

在二进制中，我们通常把 0、1、2、3、4、5、6、7 写成 0、1、10、11、100、101、110、111 等，它们代表同样的数。这是因为二进制数和十进制数一样，也被分成一列一列的。只是二进制数每一列的值从右到左每次成倍增加，而不是像在十进制中那样从右边的个位开始每次十倍十倍地增加到十位、百位、千位。在二进制中，从右边开始，第一列代表 1，紧接着的左边一列代表 2，然后是 4，8，16 等等。例如，数 17 就被写成 10 001，意思就是：“一个 16，零个 8，零个 4，零个 2 和一个 1”：

16	8	4	2	1
1	0	0	0	1

这看起来不是一种特别有用的计数方法，但它对计算机的计算来说却是完美的。因为每一台计算机里充满了微小的电子开关，每一个开关只有开着或关上两种状态。

对于计算机来说，开关开着代表 1，而开关关上代表 0。

计算机里的一套开关可以储存一个二进制数。例如，数 5 会像下图那样被储存起来——当然了，先得假设计算机里藏着一些小精灵：

计算机用二进制来存储和处理各种数据，其中不仅仅是数。在计算机中，字母、声音、图片还有数等所有东西都可以被转换成二进制编码。

你知道吗

在计算中，除了使用基数 10 和基数 2，还使用很多其他基数，如基数 8，即“八进制”，以及基数 64。另外还有基数 16，即“十六进制”，它被用来表示计算机存储器系统内的存储区域。它使用数码 0、1、2、3、4、5、6、7、8、9 和字母 A、B、C、D、E、F。

105 有趣的运算

当你计数、做加法或者做减法时，你就在执行一种“运算”。当然了，不是医生所做的那种手术*，而是数学家们所做的那种算术。

“算术”这个单词来自古希腊语，意思就是“数的艺术”。它被用于加、减、乘、除，这些被称为四则运算。

排好队

数轴是一个用来思考数和运算的好途径。如下图所示，用数轴来计算加法 $2+2$。所得的答案 4，称为和。

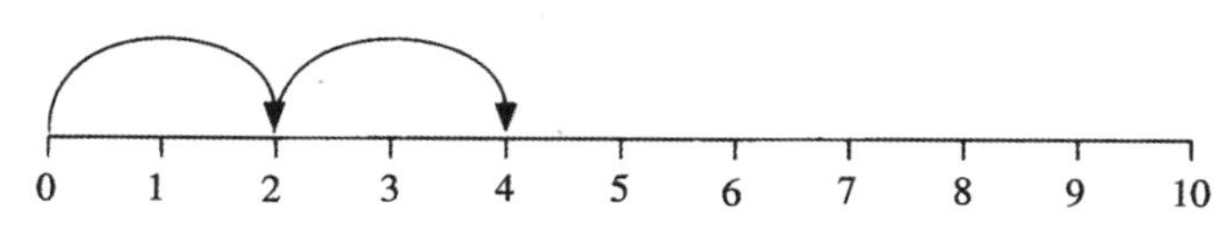

减法也一样简单。计算 $10-4$ 时，就是在数轴上先找到第一个数 10，然后倒数回去 4 个间隔。

* 英语中的单词 operation 既有“运算”的意思，也有“手术”的意思。——译者

得到的答案就是 6，称为这两个数的差。瞧，下面就是 6：

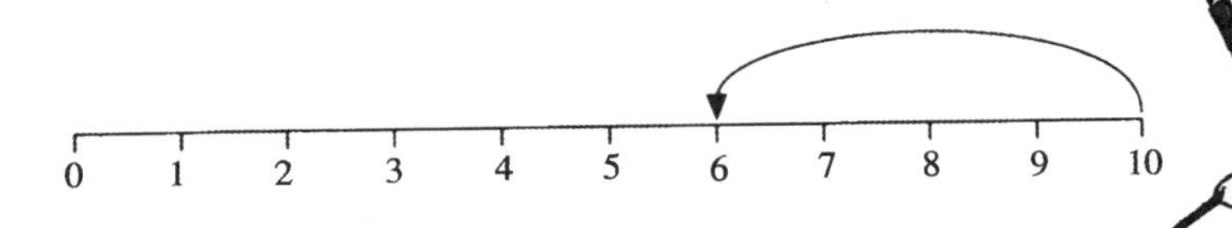

乘法就是加法的重复计算。例如：使用数轴计算 3×4 时，就是从 0 开始数，数到第一个因数，再接下去一次一次地重复数，数的次数就是第二个因数。所得答案在乘法中就被称为积。这里可以看出积就是 12。

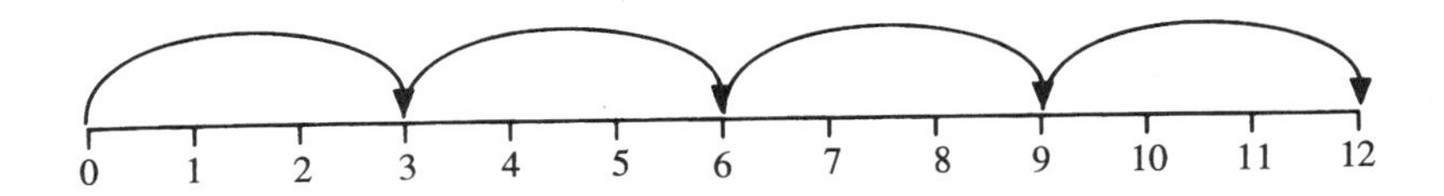

除法就是减法的重复计算。如下图所示计算 $6\div3$ 时，先在数轴上标记出从零到被称为“被除数”的第一个数之间的部分，然后把它平均分成 n 小段，n 就是第二个数“除数”。每一小段的长度就是“商”。这个例子的答案是 2。

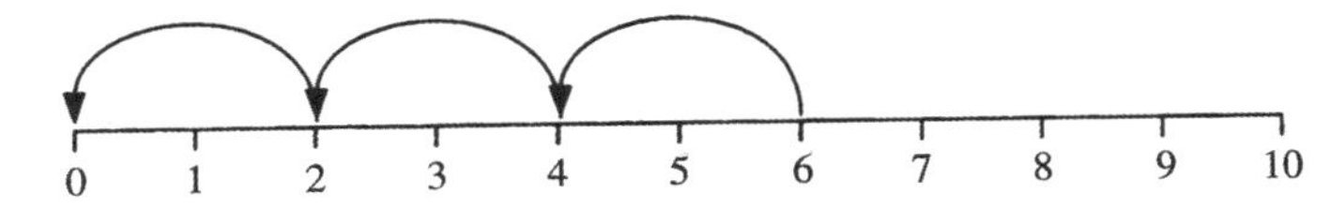

在加法和乘法中计算顺序可以随便，不会影响结果。$2+3$ 和 $3+2$ 一样。但是要记住，对减法和除法就不一样了。例如 $7-2$ 和 $2-7$ 不一样，同样道理，$12\div3$ 和 $3\div12$ 也不一样。

105 数的名字

你已经注意到了吧，数被冠以很多令人印象深刻又冠冕堂皇的名字。如果你告诉数学老师你知道“整数”也知道“无理数”，他应该会很开心。请接着往下读，你会发现数的更多名字。

整数啊，你什么意思

到现在为止，这本书里所涉及的都是整数——从0开始，以及数轴上1、2、3等。整数，还包括数轴上位于零左边的“负”整数。数轴上零右边的数称为正数。

数的形状

你大概已经听说过“平方数”了吧？所谓“平方数”就是那些可以被写成相同两个数相乘的数，譬如说4，就是 2×2，还有9，就是 3×3。你知道还有“三角形数”吗？就是3、6、10等这样的一列数（参见第15页）。

无理数

“有理数”就是一个整数被另外一个整数除而得到的数，$\frac{1}{2}$、8、$4\frac{2}{3}$可以相应写成 $1 \div 2$、$64 \div 8$、$14 \div 3$，也就是说它们都是有理数。“无理数”呢，就不能像这样写成相应的除法算式，例如 2 的算术平方根[*] $\sqrt{2}$（参见第 17 页），以及$\sqrt{47}$。

* 平方根是指这样一个数，它乘以其本身结果等于某个指定的数。例如：4 就是 16 的平方根，因为 $4 \times 4 = 16$。

105 不可分解的数

大多数的数可以被分解成其他更小的整数或者说是“因数”（参见第 9 页）。例如，4 可以被分解成两个 2。

然而，有一些数就不能像这样被分解，它们只能被自身或者 1 整除。例如，13 只能被 1 和 13 整除。像这样不可分解的数就被称为“素数”。较小的几个素数就是 2、3、5、7、11 和 13，令人惊讶的是，有的素数很大但仍然只能被它自己或 1 整除。

你知道吗

数学家们热爱素数，虽然它们看似很容易理解，但实际上非常神秘。这是因为它们没有一定规律可循，人们只能通过反复试验来找到新的素数。

一些数学家们进行比赛，看谁先发现下一个更大的素数。最近发现的一个素数已经超过 1.29×10^8 位。它长得难以置信，要是手写，需要花两个多月的时间才能完成！

105 自然界中的数

另外一种描述数的方法是将它们分为“奇数”和“偶数”。奇数就是1、3、5…，偶数就是2、4、6…。两个奇数或者两个偶数称为具有一样的“奇偶性”，一个奇数和一个偶数则具有不同的奇偶性。关于奇偶性，很奇怪的事情之一就是它不是人类发明的，而是自然出现的。

古怪的偶数

大多数动物的肢的数目是偶数。人类是“两足动物”，就是说人有两条腿。马和狗是“四足动物”，也就是说它们有4条腿。昆虫有6条腿，蜘蛛有8条腿。

千足虫，在希腊语中就是“1000条腿”的意思，实际上它大约有300条腿，但仍然是一个偶数。

大自然是如此的有条理，甚至连决定动物如何发展的蓝图——DNA也是成双成对的偶数条染色体。人类通常有46条染色体，分成23对。

105 奇怪的奇数

在瓜果蔬菜的世界里，恰恰相反，它们拥有不同的规则。和植物有关的数大多数是奇数。例如：许多花有 5 个花瓣；有些水果，像苹果，如果你从中间横切下去，会发现它有一个类似 5 角星的形状。

然而，并不是所有关于植物的数都具有同样的奇偶性，不过它们还是具有一些相似之处。菠萝和松果的表面鳞状物突起都呈螺旋线状排列，一组顺时针方向，一组逆时针方向。

根据菠萝不同的尺寸大小，螺线的条数一般是 5 和 8，或者是 8 和 13，还可能是 13 和 21。这些就是著名的“斐波那契数”（更多细节参见第 27 页）。

晶体世界也同样具有这样的数的特征。所有晶体，从盐到雪花，都是由边数固定的规则图形的晶体组成。

要命的数

毕达哥拉斯是一位希腊的数学家，大约出生于公元前 580 年。他讨厌豆子，热爱三角形。他被认为是有史以来最伟大的数学家之一。但关于他个人的资料很少，例如，毕达哥拉斯定理（即勾股定理）是以他名字命名的，但是这个定理实际上并不是他想出来的。

可爱的三角形

毕达哥拉斯的许多工作都围绕着三角形。他对三角形数非常着迷，像 3、6 和 10，这些数都能排成三角形图案。如下图所示：

毕达哥拉斯定理

毕达哥拉斯因为一个关于三角形的定理而被人熟知。这个定理只适用于直角三角形，这种三角形有一条水平线和一条竖直线。定理的内容是说两条短边的平方和等于那条最长边的平方。

请看图：这个三角形的三边分别是 3cm、4cm 和 5cm。短边的平方分别是 9（3 × 3）和 16（4 × 4），把 9 和 16 加起来就等于 25，正好是 5 × 5，所以斜边的长就是 5cm。

3cm
斜边
5cm
4cm

在知道直角三角形两边的长度后，使用这个定理就能非常方便地算出第三边的长度。可以用一个简单的公式来表示这个算法：$a^2+b^2=c^2$。

不要豆子，谢谢

虽然这个定理以毕达哥拉斯的名字命名，但人们普遍认为这个定理实际上是他在埃及听说的。埃及人和巴比伦人在他之前几百年就使用这个定理了。不过毕达哥拉斯确实创立了一些惊人的理论，包括声学的基础、地球自转的概念和“万物皆数”的思想。

毕达哥拉斯和他的弟子非常神秘，他们的很多工作和理念都不为人所知。历史学家真正知道的就是毕达哥拉斯不吃豆子，不愿坐在某一尺寸的罐子上，也不允许燕子在他们的屋檐下做窝。遗憾的是没人知道原因。

糟透了的2

据说毕达哥拉斯和他的弟子非常热爱那些简单而规则的东西。他们坚信所有的数都可以用简单的比来表达。例如，四分之一就是1与4的比，写成$\frac{1}{4}$。但是人们发现一些数不适用这个原则。

看一看这个三角形：

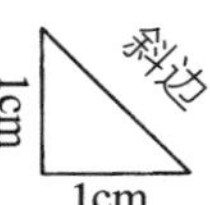

看起来非常简洁，对吧？

但是如果你用毕达哥拉斯定理来计算出斜边的长度，你会发现事情有点不对劲。

这是因为 1 × 1 等于 1。把两边平方和加起来就得到斜边的平方和 2，没有一个简单的方法来表示一个自身相乘得到 2 的数。这个 2 的算术平方根 $\sqrt{2}$，是不能用一个比来表达的——它是一个无穷无尽的数，从 1.4142 开始无穷无尽。

对此毕达哥拉斯的弟子们非常恼火，他们想方设法把这种无穷无尽的数或者说是无理数秘而不宣。当他们当中的一个名叫希帕索斯的人不停地谈论这种无理数时，他竟被扔到海里淹死了。

迷信的东西

并不是只有毕达哥拉斯和他的弟子们不喜欢某些特定的数。千百年来，世界上很多国家都给一些特定的数赋予特别的色彩。例如：在中国，人们就认为 8 是一个吉祥数。有些国家则认为 7 是吉祥数。有些人认为 13 是个不吉利的数。实际上还有一个词叫“十三恐惧症”，专门描述人们对 13 的害怕。

伤脑筋

大家都相信称为幻方的填数游戏起源于中国。几百年来，很多人认为可以用它来占卜。虽说不是非常可信，但是它确实有点神奇！

在幻方里，每一行、每一列、每一条对角线上所有数的和都相等。

如下图所示，它的每一行、每一列、每一条对角线上的数加起来都等于 15：

平　分

假设你邀请了7位朋友来参加你的生日聚会，那你怎样把蛋糕平均切成8等份？当然了，会者不难，难者不会……

切好了

在数学里，我们称份额为分数。为了要把你的生日蛋糕平分给8个人，那就需要把蛋糕切成8等份。换一种说法，每一等份就是全部蛋糕的八分之一。写成分数就是$\frac{1}{8}$。分数线上面的数叫分子，下面的叫分母。

切蛋糕

以下步骤就是用分数来帮助你切好蛋糕：

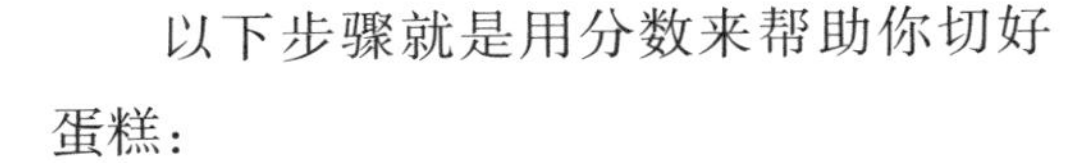

1. 把蛋糕切成大小相等的两半（$\frac{1}{2}$）；

2. 把切好的两个半块蛋糕再各自对半切开，这样就有4块一样大小的蛋糕了，每一块就是整个蛋糕的$\frac{1}{4}$；

3. 把刚才 4 块$\frac{1}{4}$的蛋糕再各自对半切开，就变成了 8 块一样大小的蛋糕了，每一块就是整个蛋糕的$\frac{1}{8}$——足够让你和你的 7 位朋友尽情吃了，用不着争抢哪块大哪块小。

你可能还注意到了一些东西。分数是如何计算的，你看明白了吗？如果你把一半对分就得到四分之一：$\frac{1}{2} \times \frac{1}{2} = \frac{1}{4}$；当然对分四分之一就得到八分之一：$\frac{1}{2} \times \frac{1}{4} = \frac{1}{8}$。

头重脚轻的分数

大多数分数的分子比分母小，这样的分数称为真分数。

有时你也会看到一些不常见的分数，像$\frac{11}{2}$。它的分子比分母大，我们称它为“假分数”。$\frac{11}{2}$也可以叫“11 个一半”。

想象一下，这些都是半块的蛋糕——如果你把它们半个半个合成一个整块蛋糕，就会有 5 块半（$5\frac{1}{2}$）蛋糕。我们称这样的分数为“带分数”，因为它是由一个整数带上一个真分数而组成的。

完美的百分数

如果你把蛋糕分成100小块，而不仅仅是8小块，那又是什么样子呢？这时如果你想要整个蛋糕的四分之一份，那就得取25小块，也就是$\frac{25}{100}$，也可以写成25%，意思就是“100中的25”。25%确实就是$\frac{1}{4}$的另外一种说法。

揭开分数的神秘面纱

还有一种思考分数的方法，就是把它当作除法运算。如果继续用分蛋糕作为例子，$\frac{1}{4}$就是告诉你“把1个蛋糕分成4小块”。现在你把1÷4输入计算器，给出的答案就是0.25。这就是十进制小数，有时简称为小数。

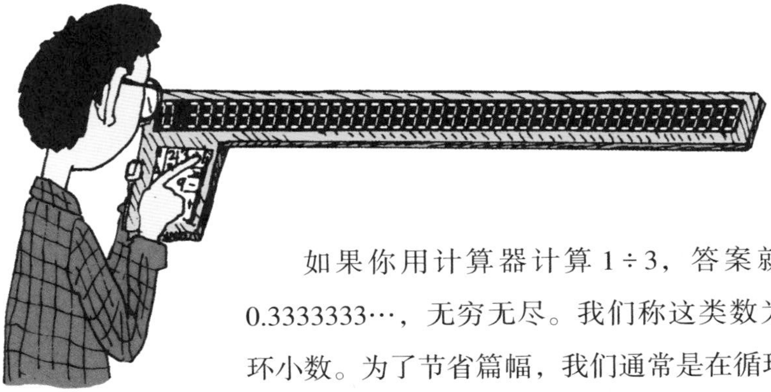

如果你用计算器计算1÷3，答案就是0.3333333…，无穷无尽。我们称这类数为循环小数。为了节省篇幅，我们通常是在循环节的上面加一点，就像$\frac{1}{3}$写成$0.\dot{3}$。

四舍五入怎么样

有时候一个数的小数点后有很多位。例如，0.4567 有 4 位。这些数可以用“四舍五入”法来缩短。如果你想让它变成两位小数，那你就看第三位上的数字——如果它比 5 大，像 0.4567，那百分位就加 1，舍掉后面的数字后变成 0.46，如果比 5 小，像 0.6543，就舍掉百分位后面的数字，结果约等于 0.65。

105 钱，钱，钱

古代的人不使用货币来购买东西，他们都是以物易物，譬如用牛来扮演货币的角色。但有一个问题必须面对，那就是牛不易运输，所以需要找出一个替代品来。

在货币的早期，人们使用自然物品，用那些稀有、又比较容易运载的小物品来充当货币。从贝壳到羽毛，都曾被充当过货币。大约在公元前 700 年时，中国和利底亚（现在是土耳其的一部分）的人们开始使用金属硬币。但即便如此，人们在长途旅行或者买卖大批货物时，还得带上大包厚重的硬币。直到12世纪中国发明了纸币，这个麻烦才得到解决。

神奇的卡

纸币的发明并不是故事的终结。现代社会里，大多数钱存储在计算机系统里。银行、商店和人们之间可以使用卡进行电子转账。

如何计息

想必你已经有自己的银行账户了，并且在赚着“利息”。但你知道怎样来区分利息和通货膨胀吗？它们究竟是什么？

利息的概念非常简单。你把钱存进银行，银行用它来挣钱，那你就会得到额外的钱作为回报，这就是利息。如果你向银行借钱，你就要付利息给银行，也就是说你还给银行的钱，得超过你向它借的钱。

你赚的或者付出的利息由3个因素来决定：1. 存进银行或者向它借的钱的总额；2. 银行的利率；3. 存钱或者借钱的时间长短。譬如说银行的存款年利率是2%，你把200元存在银行一年。一年后，利息就是200的2%，也就是4元。意味着一年后你就有了204元。

越来越贵

很多东西都是越来越贵。和利率一样，“通货膨胀”也是用百分数来描述的。假如通货膨胀率是每年3%。那么，现在一块巧克力是1元，那明年就是 1.03 元了。

比较幸运的是，很多人的工资上涨率基本与通货膨胀率相当，所以工资通常能跟上物价上涨的步伐。

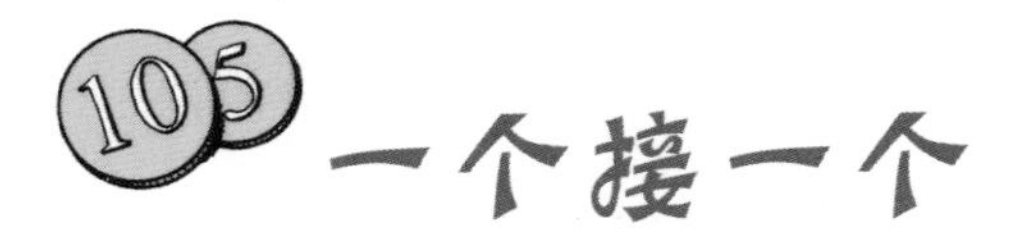

一个接一个

在数学里，按一定次序排列的一列数称为数列。在一个数列中，通常可以根据一定的模式或规律来计算出下一个数。我们数数时就把数排成了一个可能是现存最简单的数列。而在这个数列里，前一个数上加 1 就是下一个数：

1，2，3，4，…

把一个数列中的数一个一个地加起来，称为级数：

$\frac{1}{2}+\frac{1}{4}+\frac{1}{8}+\frac{1}{16}+\cdots$

这个级数无限趋近于 1。把第一项和第二项加起来得到 $\frac{3}{4}$，再接着加上 $\frac{1}{8}$，就是 $\frac{7}{8}$，然后 $\frac{7}{8}+\frac{1}{16}=\frac{15}{16}$，如此下去。

一只老鼠的生命

现实生活中也存在数列和级数。例如，繁殖若干代后老鼠的数量由一个级数给出。老鼠通常每胎生 10 只，所以把上一代老鼠的数量乘以 10 就是下一代老鼠的数量：

1，10，100，1000，…

四代同堂的老鼠总数是：

1+10+100+1000 = 1111

每一代的数量就是在上一代数字后面加一个零，所以第十代就有1 000 000 000只老鼠。这个数字吓着你了吧？这么快就达到一个很大的数，简直难以置信！所以在把数学应用到真实世界中时要注意实际情况的条件和结果。在这个例子中存在一个假设，就是必须保证每一只小老鼠都能生下下一代。但是实际上，谢天谢地，并不是所有的老鼠都能活到能传宗接代那一天。

斐波那契数列

另外一个适用于自然界的数列称为斐波那契数列。它的排列是这样的：

1，1，2，3，5，8，13，21，34，…

这个数列的规律很简单，你能看出来吗？（答案在本页底部）

这个数列通常出现在一些奇怪的地方。第14页菠萝上的螺线条数就是两个连续的斐波那契数。树枝的生长方式、向日葵花盘里葵花籽的分布状态以及连续几代蜜蜂的数量都是按这种数列增长的。

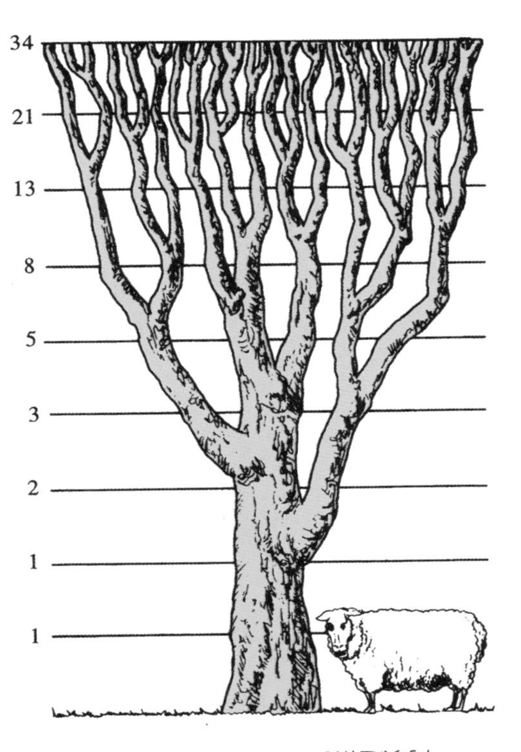

斐波那契数：每一项都等于前两项之和。

拼硬币的规律

斐波那契数列甚至有可能存在于你的口袋里。

假设你有若干个 5 分和 10 分的硬币，那你有多少种方法来拼成 15 分？

5 分和 10 分　　10 分和 5 分　　三个 5 分

也就是说有 3 种方法。那拼成 20 分又有几种方法呢？

5 分、5 分、5 分和 5 分　　10 分、5 分和 5 分　　5 分、10 分和 5 分

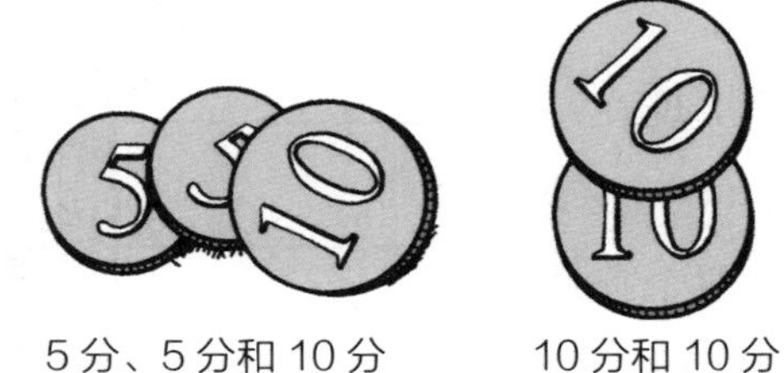

5 分、5 分和 10 分　　10 分和 10 分

用 5 分和 10 分来拼成 20 分，总共有 5 种方法。接着我们可以猜到有 8 种方法来拼成 25 分，有 13 种方法拼成 30 分，有 21 种方法拼成 35 分。酷吧？

105 让巨大简单化

宇宙绝对是巨大的。单单一个水滴里就包含着大约一百亿太（10 000 000 000 000 000 000 000）个原子。那么海洋里的水的原子数就是这个数的太的平方倍以上。毫无悬念，数学家们想出一个更简便的方式来表达这些巨大的数。例如，太的平方可以写成 10^{24}，意思就是“10 的 24 次方”，或者说“10 乘以自己 23 次”，还可以理解成 1 后面跟 24 个零。这种方式称为科学记数法。

复杂的古戈尔普勒克斯

一些特别大的数拥有自己特别的名字。例如，10^{100} 叫古戈尔，这个名字是在 1938 年由 9 岁的西罗塔建议的。还有 $10^{10^{100}}$ 叫作古戈尔普勒克斯，就是 10 的古戈尔次方。

“听起来”很多很多

一位名叫阿基米德的古希腊人是研究巨大数的第一人。在他的著作《数沙者》里，他估算了宇宙的大小，并且计算出需要多少粒沙子来填满它。他用了当时最大的计数单位“万”——10 000，一次一次相乘，计算出整个宇宙大概需要 8×10^{63} 粒的沙子来填满。今天我们知道宇宙很可能就是无限的，所以他的工作偏离正道了，但在当时来说这是一件很伟大的工作。

105 无穷大

想象一下，把第 8 页和第 9 页上那样的一根数轴向两端延伸出去，这就是无穷大。世上没有最大的数，因为你总可以再加 1 得到一个更大的数。

无穷大在很多方面和零很相似，都是分不尽的。例如，无穷大的一半是无穷大，甚至无穷大的一万亿分之一还是无穷大。

无限复杂

无穷大就意味着所有吗？嗯，有可能，因为你可能生活在一个无穷大的宇宙中。如果宇宙真的是无穷大的话，那就会有无穷多的星球。

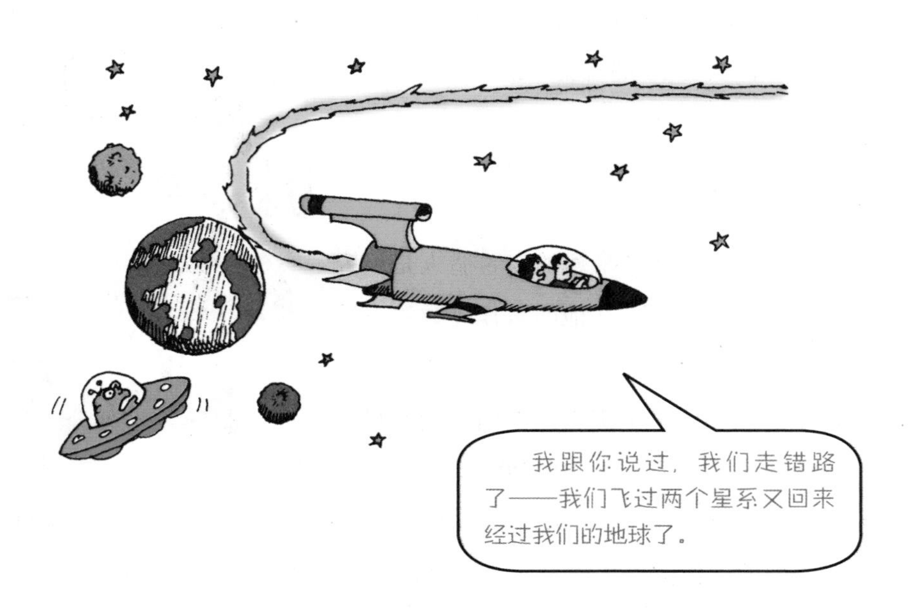

因为无穷大的一万亿分之一还是无穷大，所以如果一万亿个星球中仅仅有一个星球有像地球这样的行星绕着运行，那就会有无穷多的像地球一样的行星存在。如果有无穷多的像地球一样的行星存在，那肯定有无穷多的行星上生活着人类，那么那些人类当中就有无穷多的人有着和你一样的名字，和你一样的年纪，和你一样的父母。所以说肯定有无穷多的像你一样的人存在。哇，真要命，你的脑袋一定晕了吧！

毕达哥拉斯(约公元前580年—约前500年)

希腊数学家，有一个定理以他的名字命名——毕达哥拉斯定理。毕达哥拉斯和他的信徒相信万物都可以用数来表述。他还发现了无理数。关于他和他的信徒，人们除了知道他们不可以吃豆或者肉以外，其他所知甚少。（详见第16—17页）

欧几里得（约公元前325年—约前265年）

欧几里得是希腊数学家，他写了13卷关于几何学的指南，称为《几何原本》。这部作品直到今天仍被认为是数学逻辑的扛鼎之作。几何学的分支“欧几里得几何”就是以他的名字来命名的，但遗憾的是对于他的生活，后人知之甚少。

阿基米德（约公元前287年—约前212年）

阿基米德是希腊数学家，他计算了圆周率，在那个时代就达到了非常高的精确度，令人惊叹。他研究出了测量几何图形面积的方法，同时他还是一位发明家。

惊人的几何图形

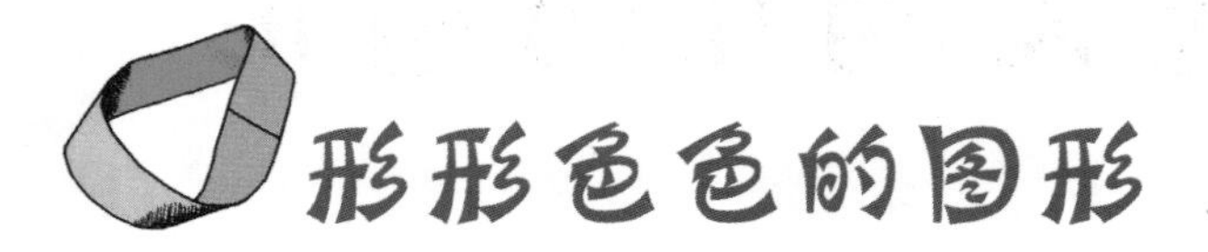

形形色色的图形

有许多数学就是为了简化事物，从人的行为到行星的运行。而关于图形的数学——几何，也不例外。

自然界的奇迹

自然界的很多东西，比如树木或者人类，都有复杂的不规则的形状，难以描述。

虽然大自然中不常见到规则图形，但依旧存在一些，譬如说圆盘一样的太阳、六角形的蜂巢。在蜂巢里每一个蜂室都是六角形的。这样能使蜂室之间的缝隙最小化，而使蜂室空间达到最大化。

如果蜂室是圆形的，虽然这时空间最大，但却需要更多的蜡来封住蜂室之间的缝隙。大自然是不是聪明绝顶啊？

多边形去哪儿了

通常简单的规则图形可以分成两大类：直线围成的图形，像正方形等；还有就是曲线围成的图形，像圆等。我们称直线围成的图形为多边形。

各边相等的多边形称为正多边形。包括以下这些：

正方形之后的正多边形按一定规律命名：每一种图形的名称都由一个表示相应边数的希腊词加上表示角的词“gon”组成。*

* 分别为正五边形（pentagon）、正六边形（hexagon）、正七边形（heptagon）、正八边形（octagon）、正九边形（nonagon）、正十边形（decagon）。——译者

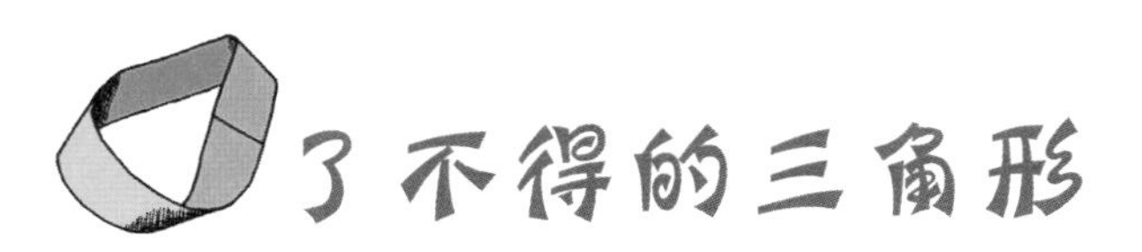

了不得的三角形

除了圆，数学家们最爱的图形可能就是三角形了。爱到什么程度呢？就是对三角形进行研究有一个独立的学科：三角学。

最结实的图形

三角形是最简单的图形之一，它的直线边数最少。而数学恰恰就是关于简化事物的，所以三角形是数学的宠儿。三角形还是建筑结构中最有用的图形。在潮湿的气候环境中，许多屋顶都建成有坡度的，也就是说像三角形，这样雨水很容易排掉。因为三角形是最结实、最稳固的形状，所以吊车、桥梁和其他很多建筑结构也都是三角形的。

三角形的种类

三角形可以分成 3 类：

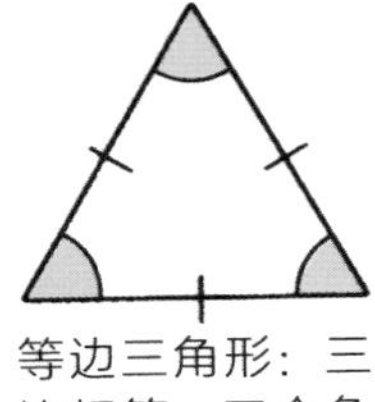

等边三角形：三边相等，三个角也相等

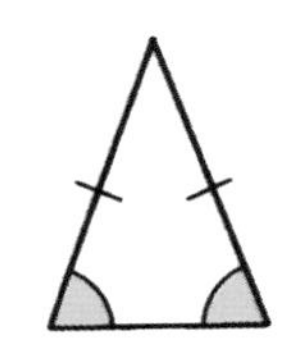

等腰三角形：两边相等，两个底角相等

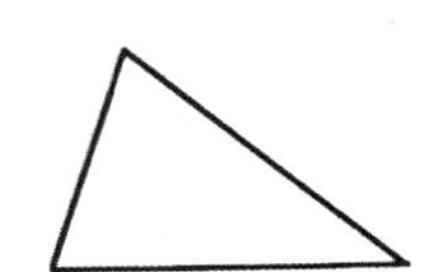

不等边三角形：三条边和三个角都不相等

不管哪一类的三角形，它的 3 个内角之和都等于 180°。

你知道吗

小于 90° 的角叫锐角，大于 90° 且小于 180° 的角叫钝角，大于 180° 且小于 360° 的角叫优角。

相似三角形

如果你想知道某个很高物体的高度，你需要一架很长的梯子和一把巨大的卷尺，对不对？

错。其实你需要做的仅是找到一根笔直的棍子和一把量尺。接下来看我们如何测出大树的高度。先在离树稍远的地方把棍子插好；接着在地面上找一个位置，从这个位置看过去，树顶和棍子的顶在一条直线上。这样就形成两个三角形：一个的斜边是从你的眼睛到棍子顶，还有一个的斜边是从你的眼睛到树顶。虽然它们的大小不一样，但是它们有相同的角。我们称这两个三角形为相似三角形。

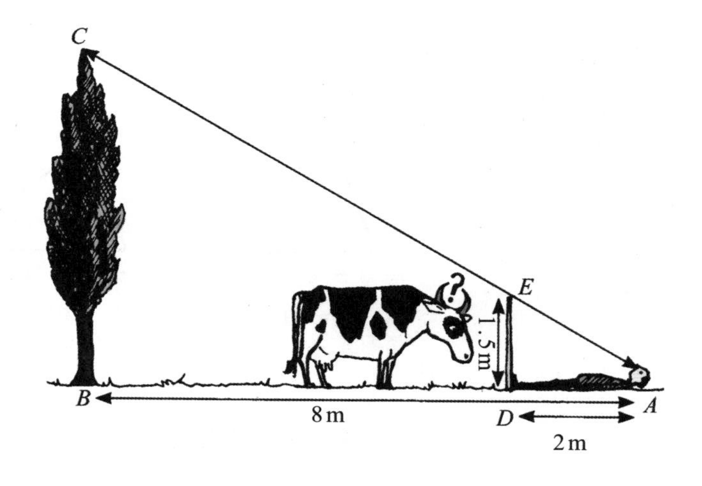

相似三角形的对应边成比例。回到上面的例子，通过简单测量，量出棍子的长度，那你利用这个性质就可以计算出大树的高度了。

为了测出大树的高度，首先你需要量出 A 到 D 和 A 到 B 的距离，然后用 AB 的长度除以 AD 的长度得到比值，这个例子里是 4。再接着把棍子的长度乘以这个比值，就算出大树的高度了。

在这个例子里，$4 \times 1.5 = 6$，所以大树的高度就是 6m。看，我们根本用不着爬到摇摇晃晃的梯子上去，照样测出了大树的高度！

地球之外

有些距离甚至根本无法直接测量，例如地球到月球的距离。但是我们仍然可以利用三角形来计算出这个距离。你所要做的就是量出一个想象中的三角形的边长（A 到 B 的距离）作为基线，然后量出 A、B 与月球各自构成的角度。因为地球和月球都是在不停移动的，所以当月球在这两点之间时必须同时测量上述长度和角度。一旦知道了角的大小，运用数学公式，你就可以算出 AC 和 BC 的长度，然后就可以算出到月球的距离。这个测量法就叫三角测量法。

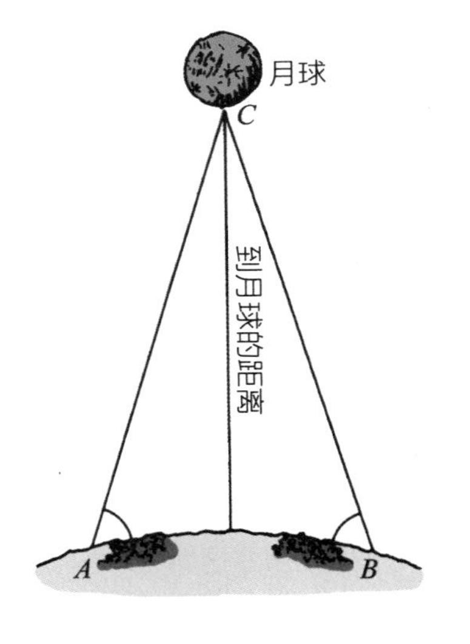

测量到星球的距离

如果你想用上面例子中的同一条基线来对一颗星星进行三角定位，你会发现角度非常小，因为星星实在太远了。那我们就用一个更聪明的办法来把三角形变大吧。

先量出角度 A，6 个月以后，地球正好到达它的运行轨道的另一侧 B，再量出它此时的角度 B，A、B 之间的距离是地球到太阳的距离的两倍。利用这个星际尺寸的三角形，你就可以算出地球到星星的距离了。简单吧？

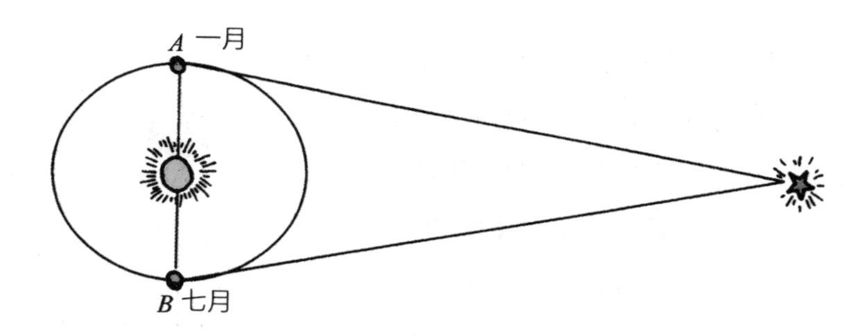

面积

对正方形或者长方形这样一些简单的多边形来说，算出它们的面积——即所占平面的大小——很容易：长乘以宽就得到面积。对于一个边长是 4cm 的正方形，你只需简单地做一个乘法，4 × 4 得到 16，那 16cm^2 就是正方形的面积。一个长宽分别是 4cm 和 2cm 的长方形的面积就是 8cm^2。

同样地，如果想知道正方形或者长方形外围的长度，即周长，你只需把四边相加。但是怎样知道一个圆的外围长度呢？圆没有供你相乘的边，所以你无法像正方形或者长方形那样把边长相乘得到面积。但是有时候一定得计算出圆面积或者圆周长，那该怎么办呢？

像 π 一样容易

答案要比你想象的简单得多。几百年来，人们知道对于任何一个圆，它的周长差不多是它的直径的 3 倍多，直径是通过圆心的线段长度。不管圆的大小如何，这个比值都是一样的。

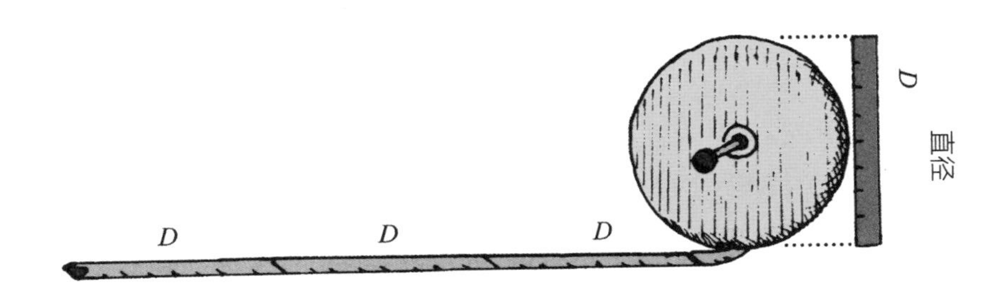

随着时间的推移，人们提高了计算的精确度，实际上圆的周长差不多是直径的 3.141 5926 54 倍。这个数被称为圆周率，也可以用这样一个符号 π 表示，而且通常缩略为 3.142。它也是一个无理数，即一个无穷无尽的数。（参见第 11 页和 17 页）

圆的面积

计算圆的面积时也要涉及圆周率，但是这次是用半径，也就是直径的一半来计算。这时要用到一个特殊的公式 πr^2，也就是说圆的面积等于“圆周率乘以半径的平方”。例如：如果一个圆的半径是 4cm，半径的平方就是 16，接着乘以圆周率就得到这个圆的面积：$\pi \times 16 = 50.272\,\text{cm}^2$。

为了更直观地看出圆的面积，我们试着把一张圆纸按下面步骤裁切：

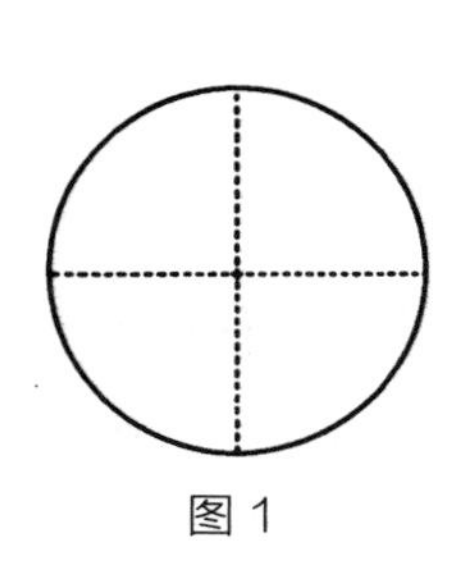
图 1

1. 把圆对折，再交叉对折，这样就把圆分成四等分，如图 1 所示；

2. 现在把有折痕的圆对折，让折痕重合，压平。然后转过 90° 重复这个过程。这时圆就被分成八等份了（图 2）；

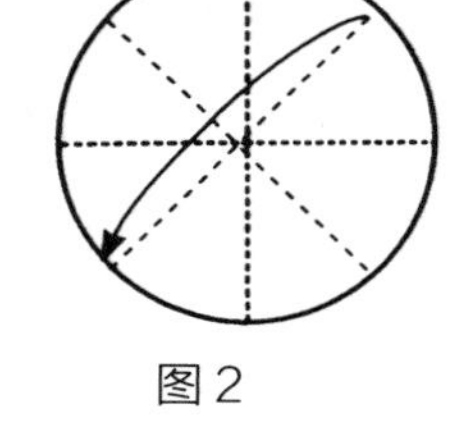
图 2

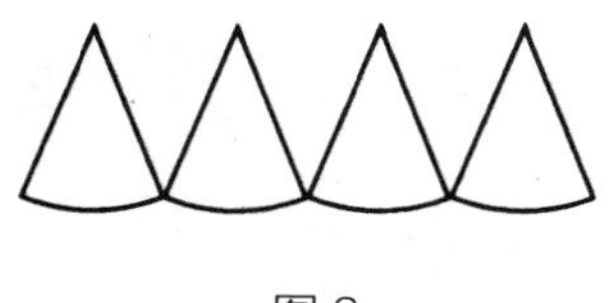
图 3

3. 把每片裁下，把四片排成一排（图 3）；

4. 把另外四片插进去，这样就形成一个不太平整的长方形，也就是一个平行四边形，它的面积和圆的面积是一样的（图 4）。

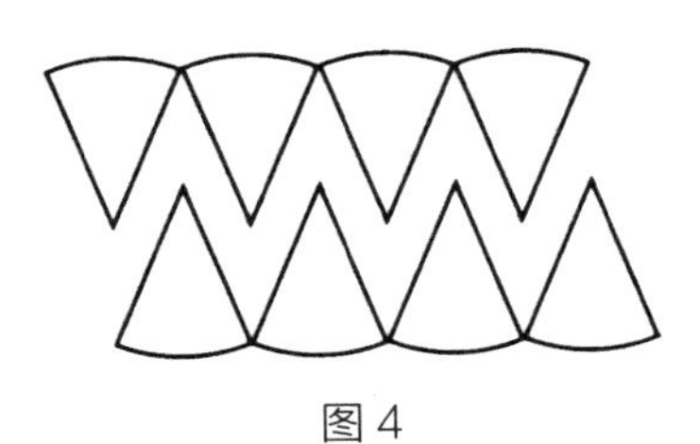

图 4

这个平行四边形的长是 $\pi \times r$，高是 r。它的面积就是 $\pi \times r \times r$，也就是 $\pi \times r^2$（图 5）。裁切成的片数越多，拼成的图形会越接近一个长方形。

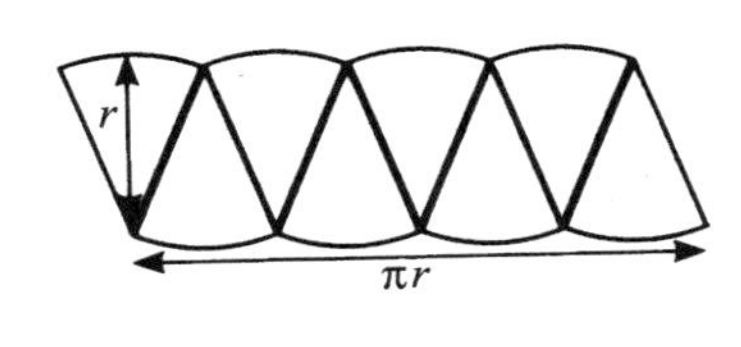

图 5

进入三维世界

所有像三角形、正方形和长方形这样的平面图形都能以各种方式组合，形成三维图形或者说多面体。例如，6个正方形形成一个立方体，3 对长方形形成一个长方体。

内部多大

这些多面体包含的空间大小就称为多面体的体积。立方体或者长方体的体积就是长 × 宽 × 高。

例如：求边长为 3cm 的立方体的体积，就是把 3 自乘两次：3 × 3 × 3。3 × 3 等于 9，接着 9 × 3 等于 27，也就是说这个立方体的体积就是 $27cm^3$。

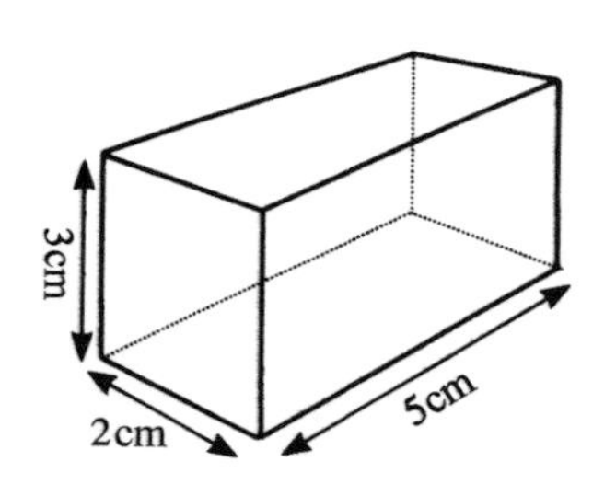

长、宽、高分别为 2、3、5cm 的长方体的体积就是 $2 \times 3 \times 5 = 30cm^3$。

简单的柱体

说到柱体，人们通常就会想到饮料罐头。其实柱体的底面可以是各种形状，只要沿着高的方向上的横截面是一样的形状，都可以称为柱体。

如果柱体的两个底面平行，那它的体积就等于横截面面积乘以高。

圆柱体的体积可以用公式 πr^2h 求得，也就是用第 44 页上的面积公式乘以高。所以一个高 5cm、底面圆半径为 3cm 的圆柱体的体积就是 $\pi \times 3 \times 3 \times 5 = 141.372\text{cm}^3$。

圆滑的球

人类可能喜欢长方体这样的形状，但是大自然似乎更喜欢球。球是最常见的形状，从星球、行星、月球，到泡泡、眼球和原子都是球。这是因为球用尽可能小的表面积围出最大的体积。

求球的体积时，需要知道球半径，也就是球心到球面上任何一点的距离。计算体积时，把半径三次方，再乘以 4π，接着除以 3。这个公式通常写成 $\frac{4}{3}\pi r^3$。例如，一个半径是 3cm 的球体的体积就是 $27 \times \frac{4}{3} \times \pi$ 或者说是 36π，就是 113.097cm^3。

形状和空间

只有 5 种三维图形有相等的边、相等的角和相等的面，它们被称为正多面体或者说柏拉图立体。古希腊人非常热衷于研究几何形状。事实上，他们对柏拉图立体研究得非常到位，他们甚至认为可以用柏拉图立体来解释世界万物是如何构造的。

古希腊人认为地球上所有的东西都由 4 种元素组成：土、火、水和气。他们还认为每一种元素是由形状像柏拉图立体那样的原子组成的。

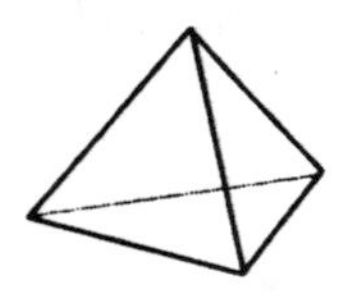

四面体：火（由 4 个等边三角形构成）

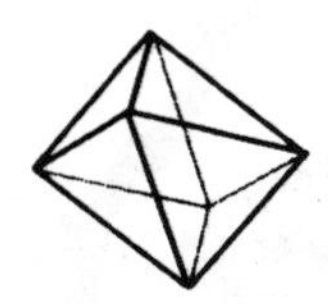

八面体：气（由 8 个等边三角形构成）

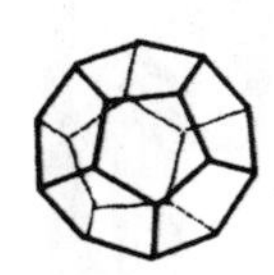

十二面体：恒星和其他行星（由 12 个正五边形构成）

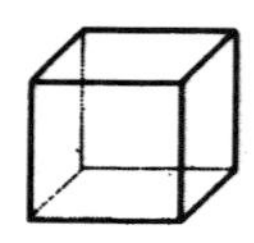

立方体：土（由 6 个正方形构成）

二十面体：水（由 20 个等边三角形构成）

了不起的拓扑学

“拓扑学”研究的是比正多面体更复杂的形状。

拓扑学研究形状在被挤压、拉伸或扭转时所发生的情况。在形状被拉伸或者扭转而变成另一个形状时，我们就说这两个形状拓扑等价。例如，我们可以说甜甜圈和缝衣针是拓扑等价，因为它们都有一个孔穿过。但我们不能说玻璃杯和它们也是拓扑等价，因为没有孔穿过玻璃杯。

离奇古怪的莫比乌斯带

拓扑学家甚至发现了有关形状的更奇怪的现象。譬如：大家一直认为三维物体有一个内部和一个外部。但是在 1858 年，德国数学家莫比乌斯创造了一个东西，它只有一个连续的面。这就是著名的莫比乌斯带。

你可以轻而易举地做一个莫比乌斯带：把一个纸带扭转一次再把两端粘在一起，看起来就像这样：

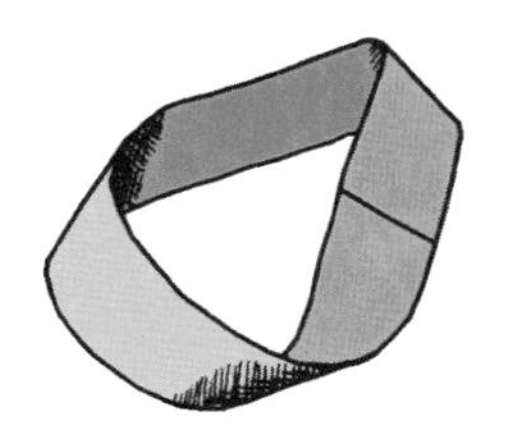

拿一支笔沿着这个纸带的中间画一条线，它可以经过整个纸带回到起点，而笔尖不会离开纸。这就证明莫比乌斯带只有一个面。

莫名其妙的瓶子

一位名叫克莱因的人想出了一个更让人不可思议的主意。这个后来以他名字命名的瓶子只有一个面，也就是说它是只有一个连续面的柱体。实际上，一个真正的克莱因瓶应该是四维空间的居民，因为它需要穿过自身而不造成一个孔洞。这在三维世界里是绝对不可能的事情。

内部空间

前页讲的克莱因瓶是一个四维模型，也可以说是一个四维形状的三维模型，但是它们到底是什么东西？

一个零维形状看起来就像是没有，是的。零维形状不占有任何空间，所以说是看不到任何东西。

最初的三维空间

一维的形状其实也是看不见的，因为它们是没有宽度的线段。然而，在数学里，通常我们想象线有一定的宽度，这样才可以被画出来。所以，一维形状就是这样：

把线向侧旁延伸，就可以造出二维的形状。下图就是二维的菱形：

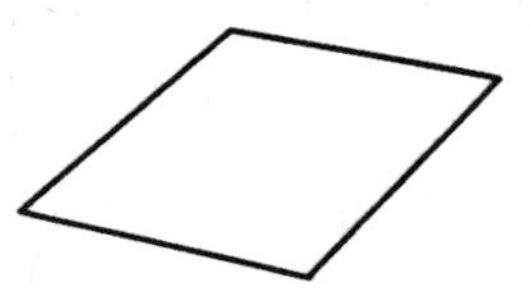

如果你再加上一些竖直线和其他一些菱形，就变成了一个三维形状的代表：菱柱体。

那四维的情况又是什么样的呢?

进入四维空间

为了能看到四维以及更高维的空间,我们首先想象有一个正方形。一个二维的正方形由 4 条边形成,三维的立方体由 12 条边形成,那接下来在四维空间里正方形的形状就有 32 条边,这也就是我们说的四维立方体或者说是超立方体。

想象一个四维立方体的最好办法就是想象两个三维立方体互相搭在一起,这样立方体的每一个面都变成了三维形状,如下图所示:

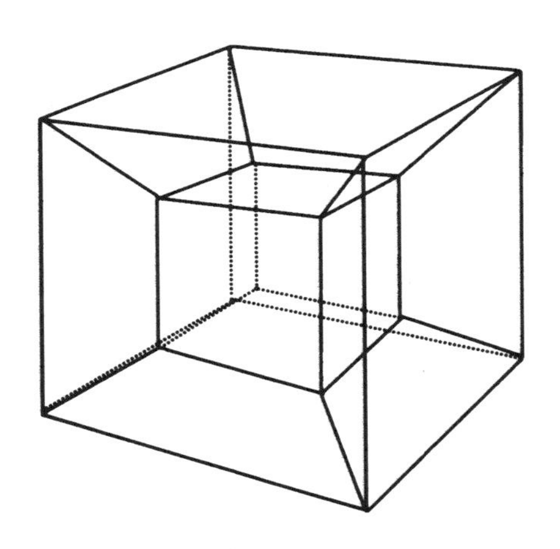

你知道吗

时间也是一维的。你从早晨到晚上的时间,和你来往于学校之间的时间是一回事。当然,想在时间里倒车、转弯和停车都是不可能的。

时空

时间和空间总是连在一起的，这就是我们常说的时空。研究时空最著名的科学家就是爱因斯坦。他发现当物体快速移动时，它们的形状会发生改变。

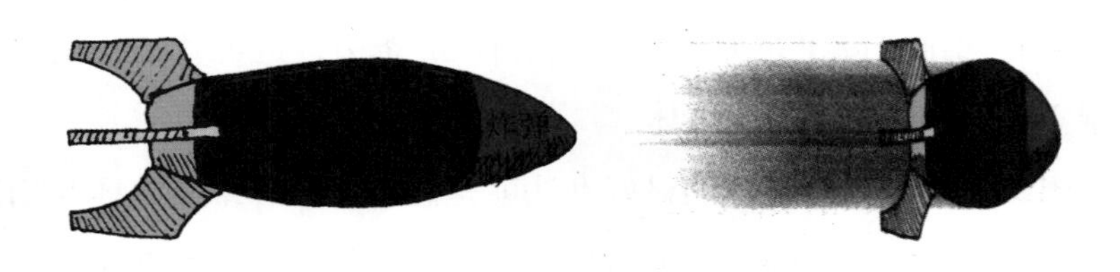

假想有一个很大的炸弹穿过空间，爱因斯坦证明了如果它的速度足够快，它的形状会发生改变，如上图所示。

好特别啊

爱因斯坦时空理论还认为：时间流逝的速度与测量者本身运动的速度有关。如果你正好不幸地坐在一枚炸弹上，那你测得它的导火线烧掉的时间可能是 1 分钟。如果有人站在地上看见你呼啸而过，他们测得导火线烧掉的时间可能就是 2 分钟。让我们换一个方式来看这个问题：假想一艘宇宙飞船接近光速飞行，如果上面的宇航员们测得他们飞行的时间为一年，但当他们返回地球后会发现，他们飞行的时间远远超过一年，甚至可能已过了几千年。

再多一维或者多三维

这个世界真的只有 4 个维度吗？当然不是啦，要是只有 4 个维度的话，那也太简单了。实际上科学家们认为世界有 11 个维度！

关于 11 维的“M 理论”认为空间有 10 个维度，再加上时间这个维度，所以总共有 11 个维度。

那为什么一直没有人注意到其他维度的存在呢？因为它们被挤压得太小，我们看不到了，也就是说被紧化了。也许这样解释更好：一个十维立方体由 5120 条线组成。你能想象得出来吗？

你知道吗

爱因斯坦的理论认为光速是最快的。一直到最近大家仍然认为这是事实。但在瑞士的欧洲核子研究中心里的科学家们发现，一种叫中微子的微小粒子可能运动得更快。

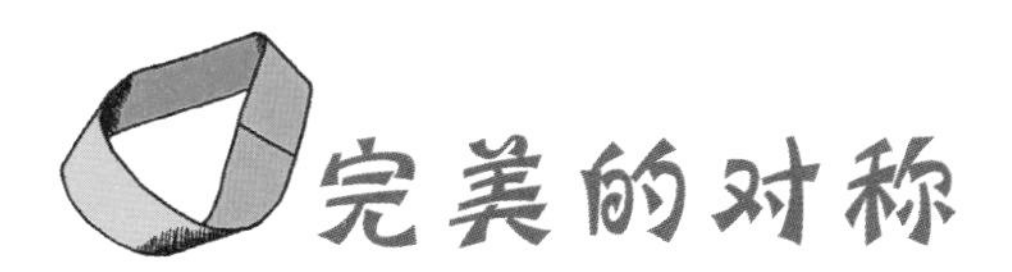

完美的对称

许多图形和事物都是对称的，也就是说如果把它们从上到下切成两半，这两个部分可以完全重合。

甚至人都是对称的。如果你沿着身体的中间从头顶到脚底画一条线，那左右两半是可以重合的。你画的那条线被称作“对称轴”。

有多少条对称轴

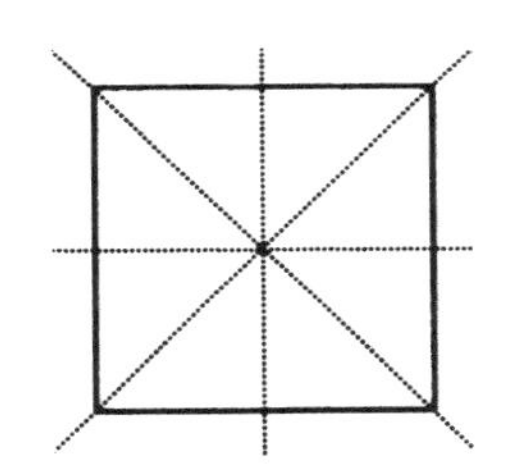

许多规则形状的图形都有好几条对称轴。如图所示的正方形，有 4 条对称轴。你能算出一个圆有多少条对称轴吗？答案见页底。

镜子，镜子

取一面镜子，把它沿着你的一张脸部照片的竖直中线放置，并与照片成 90°，使得你的左半脸映在镜子里。把镜子翻转，重复上述做法，使得你的右半脸映在镜子里。两次映出来的半脸看着像吗？还是不一样？两个映像越像的话，说明你的脸越对称。

一个圆有无数条对称轴。

数学结构

人造的结构有各种各样的形状和大小。有些很好看，有些则奇丑无比。我们可以用数学知识来总结其中的部分原因——为什么有的会比较顺眼。

黄金分割

纽约的联合国大厦和雅典的帕特农神殿两者的长和高的比例一样，都是1 ： 1.618。这就是著名的黄金分割。它也可以用希腊字母“Φ”来表示（注意不要和圆周率 π 混淆）。黄金分割不仅出现在建筑物上，它也出现在艺术品里。在照片、书本和明信片的形状设计里，人们经常会用到黄金分割。

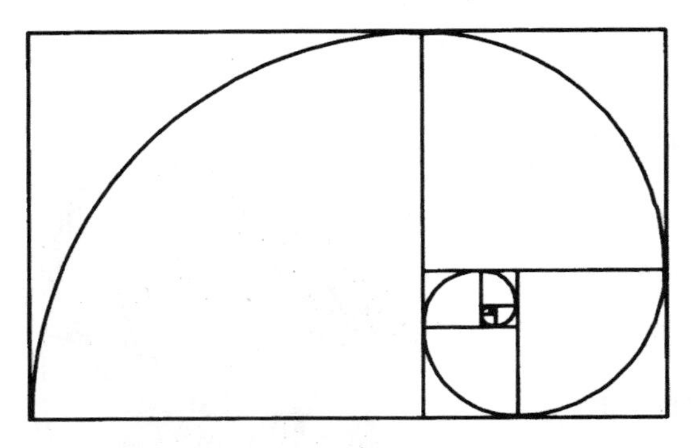

黄金分割还有一些有趣的数学特性。如左图所示的长方形，它的长和宽的比例就是黄金分割，现在把它分成一个正方形和长方形，那么较小的这个长方形的长宽比例也是黄金分割。这样的现象会不断重复下去。

更有趣的是，如果沿着每个正方形的对角画一条曲线，你会得到一条螺旋线。

数学中的艺术

东西离你越远，它们看起来就越小。一个最基本的规律是：一个东西如果放在两倍远的地方，那它的宽和高看起来就是实际的一半。对艺术家们来说，学会如何利用“透视画法”来画画，让它们看起来大小合适，这一点非常重要。

没影点

想象一下你站在一条平直的大路中间向远方望去，你会发现路的两边看起来像是逐渐向中间靠拢，最后并成一点。在绘画艺术上，这个点被称为没影点*。

透视画法

在欣赏 15 世纪前的绘画艺术品时，你会发现它们看起来怪怪的。那是因为当时的艺术家们还没有掌握透视画法。

假如你要画一幅有很多平行线的画，例如一条两边都是房子的平直道路，那么所有的物体最后都会消失在同一个没影点处。这就是你的画画指南，可以用它来检查你的远景画得对不对。

---

* 也称消失点或焦点。——译者

用数来表示音乐

数学对音乐也很有用。实际上正是数的存在才区分了音乐和可怕的嘈杂声。

下图表示了在你随意弹拨像吉他那样的乐器的弦时发生的情况：

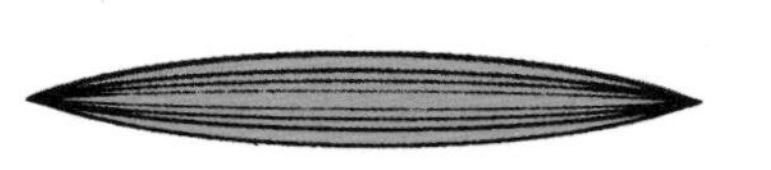

例如，在你随意弹拨一把吉他时，弦就会振动成这样。

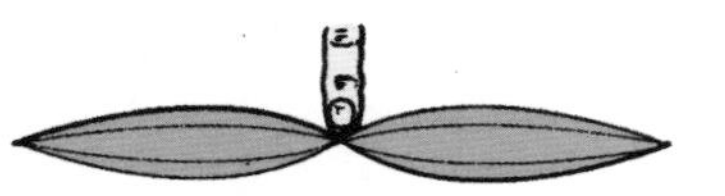

如果你摁住弦的中间，它就变成这样。

当你做右上图的动作时，弦发出的声音会升高一个音阶，虽然后一个声音比前一个高，但它们听起来还是很相似的。在音乐里,这两个音符和同一字母关联。例如说和C关联。这两个C音符相隔一个八度，即横跨八个音符的音程：C，D，E，F，G，A，B，C。两个音符之间的距离就叫音程。

弦发出的声音实际上是声波，它和你朝池塘里扔下一颗小石子产生的涟漪有点相像，唯一不同点就是声波是在空气里向上下左右四面八方传播出去的。

完美的和声

和声里的音符一起发出来很好听，这是因为这些音符之间遵循简单的比例。间隔为一个八度的两个音符比例是 2 ∶ 1。声调较高的音符的波长是声调较低音符的一半，所以前面我们摁住弦的中间时发出的音符声调较高。

两个相隔八度的音符一起弹奏时很好听。还有一些音符组合也很好听，譬如说相隔五度音程的一对音符，其波长是 1.5 倍的关系。一起发出来不怎么悦耳的音符有不同的波长，它们之间的比例很复杂，发出的声音就不协调。

毕达哥拉斯和行星

你的老朋友毕达哥拉斯（参见第 32 页）第一个注意到：不同音符组合产生悦耳或者刺耳的声音，是和比例有关的。毕达哥拉斯是如此执着于他的比例思想，他甚至认为可以用数来解释整个宇宙。他和他的弟子们坚信行星之间的距离都有一定的比例关系，它们运行时发出好听的和声。这个思想被称为天体音乐，并流行了几个世纪。

度数问题

度数问题已经是一个热门话题，尤其对那些住在新西兰达尼丁的人来说，他们得爬上世界上最陡的鲍德温大街。几乎每一个人都有自己的方法来测量大街的坡度。

如何测量坡度

坡度可以用比例来表示。鲍德温大街的坡度是 1 ∶ 2.86，也就是说沿着大街每走 2.86m，就上升 1m。

坡度有时可以用百分数来表示。鲍德温大街的坡度是 35%，也就是说沿着大街每走 1m。大街就上升 35cm。

坡度也可以用仰角的度数来表示，即从地面上假想的水平位置上仰的角度。鲍德温大街的仰角是 19.3°。

按比例调节高度

老的科幻片里充斥着庞然大物，例如致命昆虫和其他怪物。但为什么在现实世界中它们却很小呢？这个问题当然也可以用数学来回答。

蚂蚁实验

像蚂蚁这样的昆虫没有像人类那样的骨架，它们的硬外壳支撑着它们的身体。昆虫通过外壳进行呼吸，但它们能呼吸到的空气量是有限的，这是由昆虫的表面积决定的。但是，昆虫所需的空气量又是由它的体积决定的。问题是体积和面积不会按同一比例变大。请看下表中如果蚂蚁变长到 10cm 或者 100cm 后会发生什么样的情况：

蚂蚁的尺寸	长 / cm	表面积 / cm^2	体积 / cm^3
小的	1	1	1
大的	10	100	1000
庞大的	100	10 000	1 000 000
巨大的	1000	1 000 000	1 000 000 000

小尺寸蚂蚁的体积和面积刚刚好，它可以通过外壳呼吸到足够多的空气。但是随着蚂蚁变大，体积的增加远远超过表面积的增大。在蚂蚁变成巨大怪物时，它的体积是表面积的 1000 倍。这就意味着蚂蚁已经不可能有足够大的表面积来提供它身体所需要的氧气了。（关于体积的详细说明，参见第 46—47 页）

估　量

请看图片：一只象鼩和一头大象。即使它们看起来一样大，但你自然知道，象鼩是远小于大象的。可是，要是外星球的数学家看到后又会怎样想呢?

出人意料的是外星人可能也知道象鼩远小于大象。因为他们看到了象鼩瘦小的腿。相比较于大象的粗腿，图中象鼩的腿相对于身体的比例来说显得也太瘦了。

别掉下去

当一个东西，就说大象吧，往下落时，空气会把它往上推。这个阻力的大小由掉落物体的截面积决定，而往下落的力由它的重量决定。

物体的重量由它的体积和密度*决定。物体越小，每千克所受的空气阻力越大，也就是说小物体比大物体下落得要慢。

按照这个道理，如果你不幸从4m高的地方摔下，那你就得去医院了。但对于蜘蛛，这是不值一提的小事。那要是一头大象落下呢？嗯，所以说不要担心巨大的蚂蚁，但真要注意掉落的大象！

---

*密度与质量相关：同样是乒乓球大小的物体，铁造的肯定比奶酪做的密度要大。

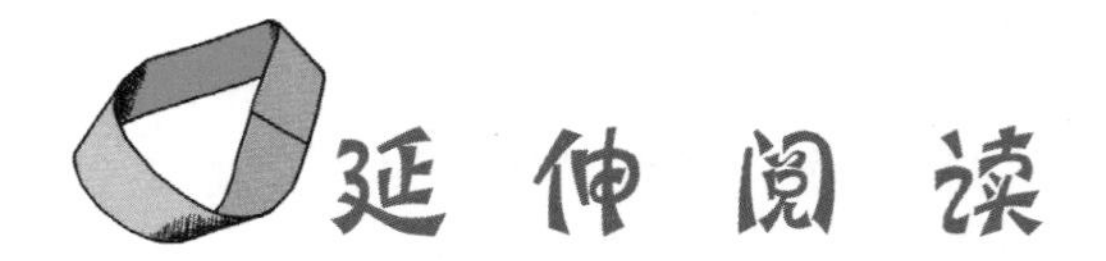

斐波那契（1170—1250）

斐波那契是意大利数学家，他一生中大部分的时间都在旅行中度过。“斐波那契数列”就是以他的名字命名的。回到家乡后，他发表了著作《算盘书》（又名《计算书》），鼓励人们采用他发现的一些好方法，比如使用 0 到 9 的数字进行计算。

伽利略（1564—1642）

伽利略可以说是第一位认识到宇宙定律具有数学规律的科学家。他帮助同时代人证明行星是围绕着太阳运转的，解释了物体摆动和下落的方式，并用一架第一代望远镜研究夜空。他的思想在当时看来太过激进，导致他在 1634 年被判刑，余生都被软禁在家里。

开普勒（1571—1630）

开普勒成功总结出描述行星围绕太阳旋转的数学定律。他认为行星在一个个椭圆轨道上运行，而且它们的速度不是恒定的。

有趣的测量

测量的始祖

之前，人们并不是用米和厘米作测量单位的，而是采用很多不同的方法。有些测量单位基于身体部位，因此直到现在我们还会以手长为单位来丈量马的高度，有时人的身高也用脚长为单位进行度量。

方便丈量

在古埃及，人们用“肘”作为单位来丈量东西。“肘”就是现任法老小臂的长度加上手的宽度。这个长度被刻在花岗岩石块上，然后用木头或是石头做一些复制品，分发给建筑商。这样用起来倒是不错，但是法老必须一直活着。这个长度会随着法老上台或者下台而改变，而这些变化要是发生在你造东西造到一半时，就很伤脑筋了。

自古以来，有很多不同的长度都被称为“肘”，局面有时非常混乱。

缓缓向前

在接下来的几个世纪里，全世界使用过很多种度量制，每个国家里都不同。在英国，直到 13 世纪才试着统一度量标准：1 英寸就是 3 粒大麦粒的长度。随着时间的推移，英国采用英制的英寸、英尺（12 英寸）、码（3 英尺）和英里（1760 码）。这种度量制一直保持到它渐渐被国际单位制的厘米、米和千米取代。但是又是谁决定大家必须使用国际单位制的呢?

奇妙的计量单位

1960年国际计量单位制正式通过，被称为SI制，这是“国际单位制”的法语缩写。

不可思议的7

国际单位制的基本单位一共有7个。测量距离的单位是米，测量质量的单位是千克，测量时间的单位是秒，测量电流的单位是安培，测量温度的单位是开尔文，测量物质的量的单位是摩尔，测量发光强度的单位是坎德拉。我们可以利用这7个基本单位导出其他国际单位制的单位。

更为重要的是，即使你有无数类型的东西需要测量，像什么响度、云量、平滑度和锐度，靠数学帮忙，这7个国际单位制的基本单位可以帮你解决一切问题。

太大或者太小怎么办

在测量巨大的或微小的东西时，如何应用国际单位制的单位？米很合适在测量树的高度时用，但是对于树叶来说不是一个好的计量单位。另外，在测量整个森林大小时，你大概又需要用到更大的单位吧？

什么单位最好用呢

以 SI 制的 7 个基本单位为基础，扩大或缩小每一个单位，就可以应用于测量各种物体。你要做的就是在基本单位前面加一个前缀，表明是扩大了的单位还是缩小了的单位。例如，“千米”的前缀“千”（kilo－）的意思就是放大到 1000 倍，“厘米”的前缀“厘”（centi－）就是缩小为百分之一的意思，而“毫米”的前缀“毫”（milli－）则是缩小为千分之一的意思。

你也可以用厘米作为单位来丈量旅途中的距离，但是这样太考验驾驶员了，大脑需要高速运转进行单位转换，否则他会不知道在什么地方转弯。所以我们测量要测的东西时，应该选择最合适的计量单位。

在红色行星上的尴尬事情

世界上大部分国家采用 SI 制单位 。也就是说不同国家的人在一起进行生产或制造时，大家使用同一套计量单位。这虽然看起来可能不是很重要，但要是没有人来确定使用什么计量单位，情形就会大乱，而且会造成很严重的后果！

例如：1999 年，美国宇航局花费 1.25 亿美元造了一架火星气候探测器，它差点成功完成所有征程，但在最后进入火星大气层时出问题了。原因就是负责研发的一个科研小组使用的是老式的英制单位，而另一个小组用的却是 SI 制单位。结果计算轨道出了错误，导致探测器坠毁。这是多么令人尴尬和心痛的事！

精确度和准确性

“准确”和“精确”听起来好像可以互换使用，但实际上它们有一点细微差别。

击中目标

如下图所示，弓箭手每次都是射 5 箭：

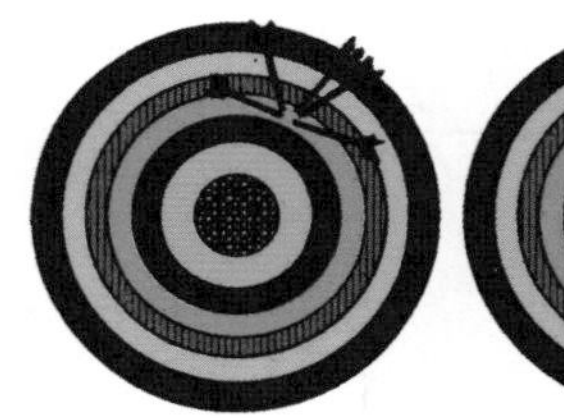
精确，但不准

准但不精确

又准又精确

弓箭手在他的第一次射箭中，所有箭都很近地靠在一起，他保持了高精度。但是箭都不在靶心处，所以说他射得不准。

第二次射箭中，他展现了较高的准确性。所有的箭都接近靶心，但箭很分散，所以说他的精确度不高。

最后一次，你可以看出弓箭手射得很准，精确度也很高。

估　　算

估算是一项很有用的技能，也是很多人所擅长的。例如,判断一个角是不是直角时，1°左右的偏差大多数人一眼就能看出。

估算能力对日常生活也有一定帮助，譬如说过马路。通过估计来往车辆的速度和远近距离，你可以判断出是否有足够的时间安全穿过马路。

但是，人们此时很自然地不会考虑单位。你不大可能会这样想：“那辆汽车正在以 20 千米 / 时的速度前进。”你更可能想到的是“太快了！”，或者“我有足够的时间穿过马路”。

简单取样

估算还能节约时间。例如，你要找出一个操场的草皮里有多少种不同的生物时。如果你一个一个地去找出所有的生物，那要花费大量的时间。实际上，你只需要进行取样，然后通过估算就可以得到答案。

取样的第一步是确定一个“样方”，就是用 4 根竿子做成的一个边长 1 米的正方形，用它在操场上圈出一块地，然后收集并记录在这

块地里发现的所有生物。比如说你找到了 4 条蚯蚓、16 只蚂蚁、3 只甲壳虫和 1 条毛毛虫。

这样，如果操场的长宽分别是 100m 和 70m，那它的面积就是长宽相乘，$100 \times 70 = 7000\,m^2$。

要估算整个操场有多少生物，只需简单地用样方里的生物数乘以 7000，就得到答案了：

28 000 条蚯蚓；

112 000 只蚂蚁；

21 000 个甲壳虫；

7000 条毛毛虫。

当然，这种取样估算的方法还是要慎重使用，而且必须根据实际情况分析估算结果。这就像你碰巧在地上捡到了一个硬币，但是不能得出这块地上散布着金银财宝的结论。

令人惊讶的猜测

运用估算可以有一些有趣的发现，但也有一些令人烦恼的东西。例如，莎士比亚在 1616 年临死之前呼吸的最后一口气中，可能含有大约 1 000 000 000 000 000 000 000 个空气分子。

在接下来的 4 个世纪中，这些空气分子通过大气传播到世界各地，而大气中含有 1 000 000 000 000 000 000 000 000 000 000 000 000 000 000 000

个空气分子（那就是一百亿亿亿亿亿）。

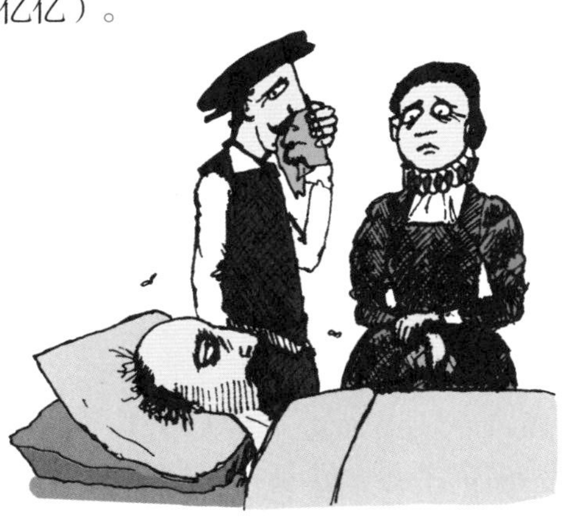

如果你用上面那个大的数除以那个小的数，就得到1 000 000 000 000 000 000 000。也就是说大气中大约每1 000 000 000 000 000 000 000个分子中就有一个分子来自莎士比亚的最后一口呼吸。然而，这个数目也正好是你每次呼吸时所呼吸的空气分子数。所以说很有可能你下一次呼吸的空气里面，就含有来自莎士比亚的最后一口气里的空气分子。

以上这些数目对计算器来说太大了，不过我们可以使用一个较快捷的方式。从第29页上得知，像1000这样长的数可以用10的幂表达，例如1000可以写成10^3，这和$10 \times 10 \times 10$是一个意思。所以，莎士比亚的最后一口气里含有的分子数可以缩写成10^{21}。大气中的分子数就是10^{42}。

对这些数做除法，只要简单地对它们的指数做减法即可。上面的计算问题就可以写成$10^{42} \div 10^{21} = 10^{21}$。

计算出来的推测

在使用计算器和电子表格进行计算时，估算也有其用武之地。因为如果你心里对计算结果大概有数，那就比较容易发现错误，然后你可以检查是否按错了哪个键。

愚弄自己

人类的大脑可以估算各类事物，这意味着人们首先要做出猜想。例如你看到地平线上的一个点越来越大，慢慢变成一个微小的人。如果那个人变得越来越大，你就会猜想那个人离你越来越近，而且他跟你差不多大小。在你做出这个猜想后，你的大脑就开始运用透视定律（详见第 57 页）来判断那个人和你之间的距离，还有他走近你时的速度。

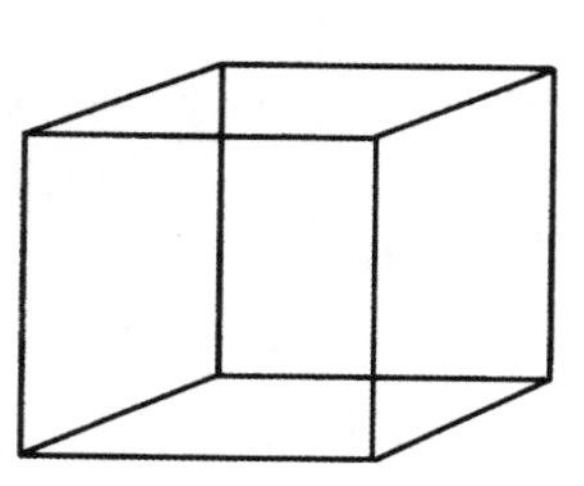

猜想也有缺陷，那就是猜想有时是错误的，会导致一种视错觉。例如上面这张图。

你的大脑会尽量对你所看到的东西做出最好的猜想。

一开始，你会感觉是在俯视一只盒子，但是过了一会儿，又感觉你是在仰视它。那么哪个是正确的呢？

没有一个是对的。这只盒子的图像是一种视错觉，叫“内克尔方块”。因为人类的大脑在对所看到的东西尚未获得足够的信息前，仍然试图做出正确的猜想，从而导致看到了两个透视图像。

运动的准确表达方式

在数学和物理中有两种类型的量：“标量”和“向量”。标量就是能扩大或缩小的数。而向量不仅仅能变大或缩小，它还有方向。

举个例子：一辆汽车的速率是 20 千米 / 时，就是一个标量，就是说这个数可以变大或者缩小。而汽车的速度是一个矢量。速度是有特定方向的速率，比如，汽车的速度是向南行驶 20 千米 / 时。

飞机的飞行过程

假设一架飞机要在 10 小时内从伦敦飞到洛杉矶，两个城市之间的距离大约是 8800 千米。这架飞机要以多少速度飞行才能准时到达？理论上你可能认为速度应该是向西飞行 880 千米 / 时，但是如果是逆风而行，而风速是 100 千米 / 时，那情况又会怎样？

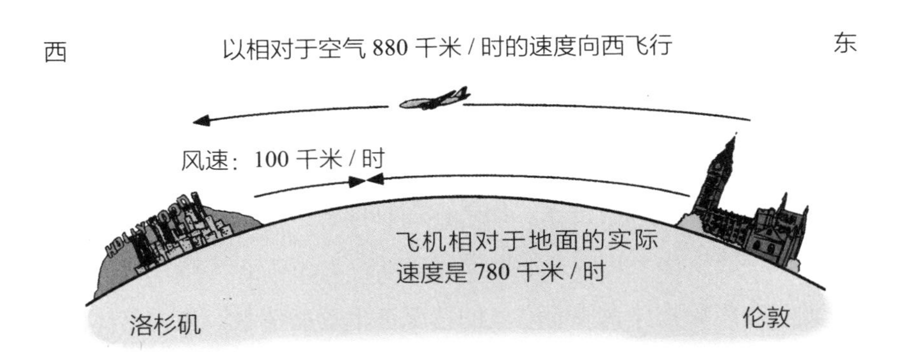

飞机在逆风中飞行会慢下来，所以在计算飞行时间时要用飞机速度减掉风速：

880 − 100 = 780 千米 / 时

这就是为什么有时飞机会比预定时间早到，因为那天或许正好碰到顺风，飞机速度增加了。

第一位真正的科学家

早期有关运动的研究工作大部分是由意大利科学家伽利略在 400 多年前完成的。可以说在许多方面，伽利略都是第一位真正的科学家，因为他尝试着用数学来解释天体运动和描述运动规律。

自由落体定律

伽利略意识到，地球重力导致所有东西下落。这就是为什么你丢下一个东西，它就会落向地面。地球总是吸引着东西下落，而且东西会越落越快。

伽利略真正的天才之举是他认识到地球上的空气会对物体移动产生影响。事实上，落体经过一段时间下落后会达到一个稳定速度，也叫最终速度。这是因为空气的阻力会阻止落体无限加速。这就是为什么羽毛会比炮弹落得慢得多。如果你在月球上丢下羽毛和炮弹，它们就会以同样速度落下，因为那里没有空气，不存在空气阻力。

伽利略想象物体在没有空气的情况下下落的情景，认为落体定律其实非常简单，可以用很简单的数学来描述：

物体以一个稳定的或称“恒定的”加速度落下。如果一个物体以一定的加速度落下，1 秒后它的速度是一开始的 2 倍；2 秒后速度变成 3 倍；3 秒后就变成 4 倍，以此类推。

还有：

如果一个物体在 1 秒钟内落下某个距离，那 2 秒后它落下的距离是这个距离的 4 倍，3 秒后落下的距离是这个距离的 9 倍，4 秒后落下的距离是这个距离的 16 倍。

你注意到两组数之间的关系了吗？距离 1、4、9 和 16 就是时间 1、2、3 和 4 的平方。物体下落时间越久，它的速度越快。

你知道吗

你可能会想，如果存在空气阻力，那这些想法和发现又有什么意义？嗯，考虑到这点，我们需要对地球上的落体定律做一些数学公式上的调整。但是如果你到太空旅行，你就会发现这个定律非常有用。宇宙飞船严格遵守这个定律，因为那里没有空气使它减速。

千万别眨眼睛

现在我们能测得的最短时间比 10^{36} 分之一纳秒还短，而纳秒是十亿分之一秒。你可能无法理解纳秒到底多短，这儿举个例子来帮助你体会一下1纳秒是多么快的一段时间：眨一次眼睛就需要1亿纳秒！所以说这个单位在日常生活中不是很有用。

只是时间问题

你可能很难感受到纳秒的存在，但是时间确实是一个真实存在的东西。在一堂枯燥的课上你会觉得一分一秒都很长，而在一个精彩的生日聚会上你又会觉得时间蹭一下子就过去了。那时间究竟是什么东西？它又是如何测量的呢？

早期的人类用各种各样的方法来测量流逝的时间， 像季节的替换、月亮每个月的盈缺，这些都可以用来测量时间。后来人们想用更准确的测量方法，于是他们想出了一些更有用的单位。

一分又一分

我们大家都知道一分钟等于 60 秒，一小时等于 60 分钟，一天有 24 个小时，一周有 7 天。那为什么每个月份没有遵守这个规律，采用固定的天数呢？你看有些月份有 30 天，有些有 31 天，有些只有 28 或者 29 天。为了找出原因，我们必须追溯到很久以前，看看时间一开始是怎么测量的。

用钟来计时

早在 3500 年前，古埃及人最早发明了测量一天的方法。就是利用一种叫作“影子时钟”的工具，根据太阳在天空中移动时照射物体所导致的阴影变化来确定时间。因为随着太阳的移动，“时钟”投下的阴影的长度和方向都是在变化的。

影子游戏

“影子时钟”是一个相当简单的设备，它把白天的时间分成 10 个小时，再加上黎明的一个小时和傍晚的一个小时。它由两块板组成，一块直立板的影子可以投射到另外一块平躺的板上，而这块平躺的板上刻有所谓的“小时”。早晨把直立的板指着东方，这样可以让它的影子落在向西的平板上。中午，要把这个“影子时钟”转动，使它指向西方，也就是要跟着从东往西的太阳。“影子时钟”可以随身携带，比较方便，但是每次换新地方时都要重新调整时间刻度。

不过，“影子时钟”也有缺陷，它不能指示晚上的时间，要是阴天你也会束手无策。还有一个问题就是，在离赤道越远的地方，一年四季中白天的长度变化越大。也就是说，在冬天，“影子时钟”虽然还是把白天分成同样数目的小时，但实际上每个小时的长度会较短。这些都是“影子时钟”的不足之处。

虽说没有人清楚到底何时何地人们开始使用日晷的，但它们和我们现在用的圆形钟表已经相当相似了。它们比“影子时钟”提高了一大步，因为用它们测得的每小时的长度全年都是一样的。但是还有一个不尽如人意的地方，就是它们必须正对阳光，而且依旧需要靠太阳光来指示时间。

日晷把白天分成 12 个小时

为阴天准备的钟

我们需要的是一个不管是在室内还是室外，不管天气状况，不管白天黑夜都可以用来测量时间的钟。

古埃及人发明了水钟。它的最早记录可以追溯到大约公元前 1500 年。这类钟是如何工作的呢？先在一只碗侧标上“时间”，然后让水匀速往里滴，这样就可以确定时间。但是缺点是不怎么准确。

直到14世纪机械钟表的发明才让事情有了好转。它的工作原理是利用重物逐渐下降来转动齿轮。但这些钟依旧不准确。

关键在于要有一样东西保证重物恒速下落，这样齿轮也能恒速转动。众所周知，1642年伽利略（详见第64页）就已经产生摆钟的构想。但是第一只摆钟是由惠更斯在1656年发明的。其钟摆稳定的摆动让它成为当时最准确的计时器，一直到20世纪才有更准确的钟表发明出来。

离准确时间不远了

17世纪，人们了解到地球一天能够旋转360度，也就是一小时转15度。如果你向东航行一个小时，那你所处的位置就是起点向东15度。但是如果差了几分钟，那你所在的位置就不同了。摆钟在陆地上是准的，但在海上却不准。1759年，哈里森的“H4”怀表面世了，虽然尺寸很大，但绝对准确，解决了之前所说的海上时间问题。

同时，在陆地上，许多钟设置的都是当地时间。当太阳直射头顶时，规定为正午，这种直射因地理位置不同而略有不同，所以每个城市的时间就有所不同。19世纪，铁路网发展起来了，从而引出了一个被称为铁路时间的标准时。

定时区

1884年，伦敦的皇家格林尼治天文台被选为“本初子午线”经过的地方。这意味着地图上的经线以格林尼治的 0 度开始。为什么定在这个地方呢？因为比较方便：格林尼治的正午，就是它的地球对面那一端的午夜，而那一端正好位于太平洋中间。这样日期变更影响到的人最少。经过这个地方的经线就叫国际日期变更线。

原子钟

如今最准确的计时器是依据原子的有规律振动而制造的原子钟。它们的准确度可以用下例描述：英国国家物理实验室的一台原子钟，经过 1.38 亿年后误差也不会超过一秒。

时间都去哪儿了

几个世纪前，计量一年有多少天比计量一天有几个小时难多了。许多人靠太阳或者月亮来计天数。在古埃及，农夫们的日历是根据尼罗河的水位来定的。在古罗马，军队里所用的阴历是根据月相的圆缺过程来定的。每年被分为13个相周。

这些计时系统都不是很好。月相圆缺的一个完整周期大概为 $29\frac{1}{2}$ 天，所以罗马军队所用阴历年的13个周期就是 $383\frac{1}{2}$ 天。这个时间要比地球绕太阳公转一圈所用的时间，也就是我们所说的一个阳历年要长。

绕太阳一圈正好365天多一点

为什么很难把一年分割好呢？因为地球绕太阳公转一圈需要 $365\frac{1}{4}$ 天减去11分钟，可以看出这个时间很难均分。这多出来的 $\frac{1}{4}$ 天会慢慢积累起来，让你的一年慢慢与地球的公转不同步，也就是说很久之后你有可能会在夏天庆祝新年。

日历乱套了

古罗马人很早就注意到这个问题。在公元前 45 年，恺撒大帝对历法进行了改革。但问题没有得到解决，反而更加乱套了。因为跳过了太多天，恺撒大帝不得不在公元前 46 年那一年加上了 90 天来解决这个问题。难怪那年被称为“混乱年”！

可爱的闰年

古罗马人为了防止这种混乱再次发生，决定把前 3 年中多出来的

$\frac{1}{4}$ 天加起来放在第四年中，凑成完整的一天，这样第四年就有 366 天，这一年被称为闰年。但是日历还是不完全对，因为每年多出的并不是正好四分之一天，实际上是四分之一天减 11 分钟！这些 11 分钟累积到 16 世纪中期时，日历上已经多了 10 天。

所以在 1582 年，教皇格里高利宣布去掉 10 天来修正这个问题。同时也规定像 1600、1700 和 1800 这样的整世纪年不可以当作闰年，除非那年份数正好能被 400 整除。有些国家很多年以后才采用这个修正。例如，英国一直到 1752 年才减了 11 天做修正。据说还因此引起很大骚乱，因为一些人认为政府偷走了他们 11 天的生命。

从 A 到 B

计算或者利用公式确实会对解决很多数学问题比较有用，但是，有时候一张图也许会更有用。例如，你指方向时，这样说很简单："翻过许愿井山，穿过坏狼林，对面就是奶奶家了。"但要是给一个人指很长的路呢？那就要画地图，这是一个比较简单的方法。

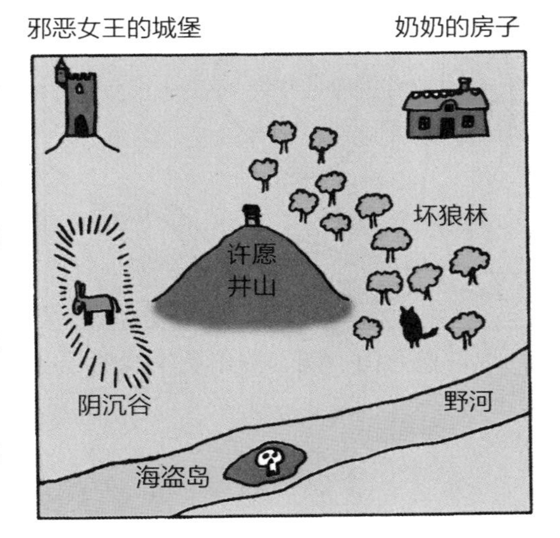

标上比例尺

画一幅地图当然好过什么也没干，但美中不足的是这种没有比例的地图既不能告诉你物体之间的距离，也不能说明物体有多大，所以一定要画一幅有一定比例尺的地图。

下页第一幅地图就是按比例画的，它的比例尺为 1 ∶ 10 000。意思就是地图上的 1cm 代表真实世界中的 10 000cm 或者说 100m。你可以借助地图上的比例尺来计算实际距离。

用一张纸就能帮助你算出直线距离。首先在纸上标出比例尺的长度，前面例子里是 1 厘米，然后把它放到地图上量出两个地点之间

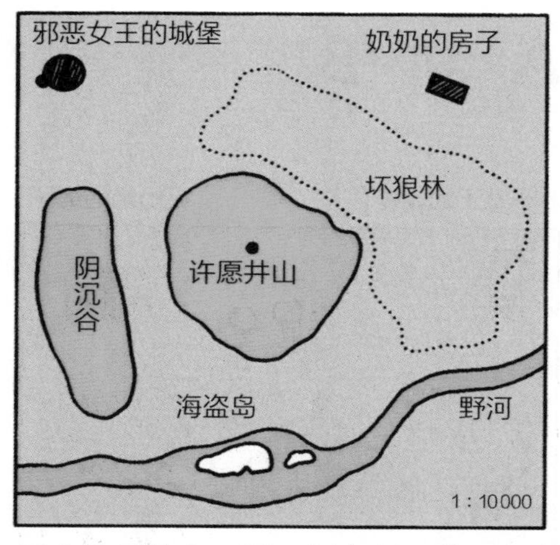

的距离，例如邪恶女王的城堡和奶奶房子之间的距离是 3.25 cm，按照比例 1∶10 000，那它们之间的真实距离就是 32 500 cm，或者说是 325 m。

如果需要测量的不是直线距离，那可以用一根线。比如测量绕着许愿井山走一圈的路程，只要把线绕着地图上许愿井山一圈，测出所用线的长度，然后根据地图上标出的比例尺，算出走过的真实距离。

标出高度

在地图上甚至还能用等高线来显示一块地的高或者低。地图制作者把同一座山或者峡谷中高程相等的点连起来，形成一系列封闭的环线。这些环线会显示山脉和峡谷的形状，以及它们之间的相对高度。陡坡在地图上显示为很接近的一些线，而缓坡就由相对离得远的一些线来表示。在右面这幅地图上，

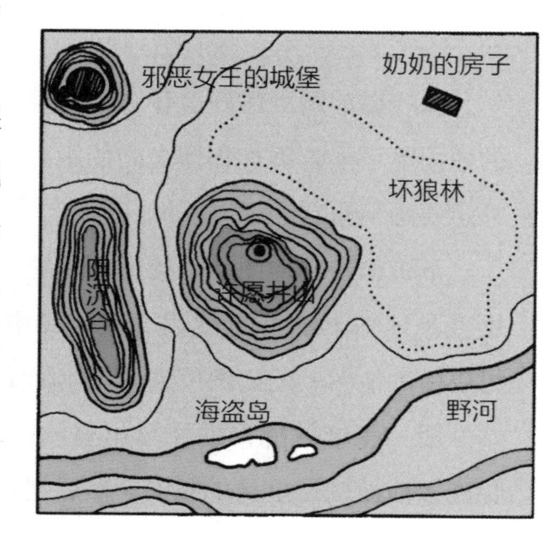

许愿井山的环线相距很近，说明它比较陡，所以盘旋上山比较好。

向上表示什么方向

为了读懂地图，你也需要知道方向。一般地图上用一个指向上方的箭头表示向北。同时使用一幅地图和一枚指南针，你就能保证走对方向。这个非常有用，因为任何情况下都适用。

常规坐标

大多数地图都有和比例尺一致的纵横“网格线”。在下面这幅地图里，每个方格边长都是1cm。它的比例尺是1 ： 10 000，所以每个方格边长就代表地面上的100m。

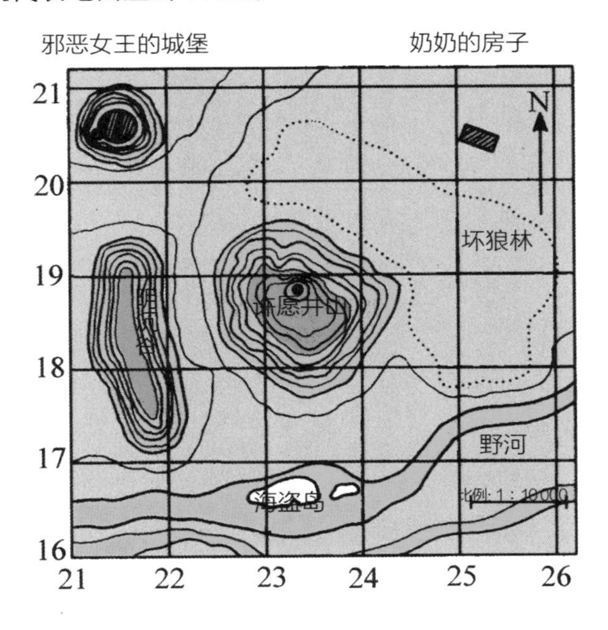

一个网格参考坐标系的网格线可以帮助你找出精确位置。例如：你和朋友约好在 2317 处见面，为了找到确切位置，你的朋友首先要明白这个数字是什么意思。在这里，前两位数表示横向看有多远，后两位数表示向上看有多高*。这句话指引你：

先沿着横线走，然后向上走。

这样你们二人都知道要在海盗岛的北河岸见面，也就是地图上网格线 23 和网格线 17 的交叉处。

* 横向数和纵向数有时也表示向东和向北。

精确标出地点

有时候我们需要准确指出网格线之间更精确的位置。比如找出邪恶女王的城堡的更精准位置，这时就需要提供6位数字供参考，帮助你找到位置。数字216205给你指示了城堡的确切位置。第一第二位告诉你横向走到网格线21，第四第五位告诉你纵向走到网格线20。

接着想象每个正方形格子被10条横线和10条纵线分成100个更小的格子，每一个小格子边长都是10米。216205这串数字中第三位6表明更确切的水平位置。第六位5表明更确切的竖直位置。

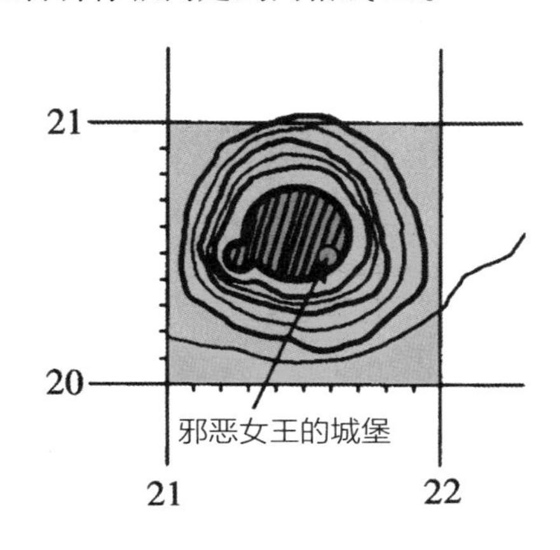

这就是告诉你，这个城堡位于网格线21、20交叉处再向东60米、向北50米。

巧妙的坐标

如果知道两个位置的坐标，我们就可以算出它们之间的距离。在下页的地图上，一位探险家的坐标是212173，他想去奶奶家，它的坐标是252204。

为了计算出这两个位置之间的距离，你可以在地图上画一个直角三角形，然后应用毕达哥拉斯定理：两条直角边的平方和等于斜边的平方，从而计算出斜边长度。（详见第15—16页的毕达哥拉斯定理）所以说要计算出探险家到奶奶家的距离，也就是图上标出的三角形的斜边长度，首先得算出两个短边的长度。

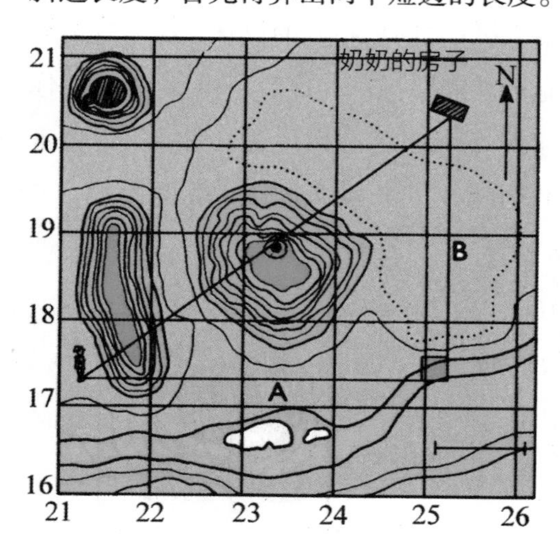

如图所示：水平线表示奶奶家与探险家目前所处的位置向东相距多远。探险家在网格线21向东20m，而奶奶的家则在网络线25向东20米。每个方格边长代表实际距离100m，所以水平线A就是400m。

竖直线表示奶奶家与探险家向北相距多远。探险家在网格线17向北30米，而奶奶房子在网格线20向北40m，所以竖直线B就是310m。

这时我们可以用毕达哥拉斯定理来计算：

$400 \times 400=160\ 000\text{m}^2$

$310 \times 310=96\ 100\text{m}^2$

探险家到奶奶家距离的平方就是上面两者的和，也就是256 100，这样两个位置之间的距离大约是500m。（有些计算器上有一个求算术平方根的键“$\sqrt{\ }$”来帮你算出这个值）

延伸阅读

笛卡儿（1596—1650）

笛卡儿不仅发明了现代的图像和坐标，他也是第一个在计算中用字母代表未知数的人。

费马（1601—1665）

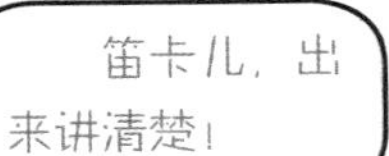

费马在数论、几何学和光学等领域有很多发现，不幸的是笛卡儿也做出了同样的发现。他们两人浪费了很多时间争论到底谁是对的、谁是第一个作出发现的人。不知为何，费马从未出版过任何作品，他的大多数工作只能通过他的信件来了解。他的“费马大定理”是数学中最著名的定理之一，直到1995年才被证明。

牛顿（1642—1717）

和爱因斯坦一样，牛顿被视为有史以来最伟大的科学家之一。他创建了能够解释物体运动方式、引力影响物体运动方式的数学定律。因此他能计算出月球、行星和彗星的运动。他的很多理论都出版在他最伟大的著作《自然哲学的数学原理》中。

戏剧性的数据

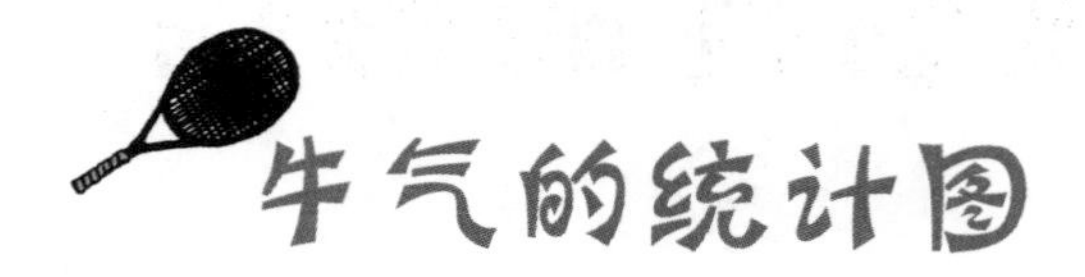

统计图是整理大量信息或者数据的最简单的方法 。它能又清晰又简单地传输数据，也能帮助我们更容易地理解数据，甚至还能用来预测未来的数据。

数学家们应用的统计图有很多种，例如：图像、条形统计图、饼状统计图和维恩图……列举的这些还只是很少的一部分。选择适当的统计图来表达信息非常重要，否则就起不到作用了。

绘图

折线图可以用于绘制随时间变化的信息。例如下图表示一个男孩从出生到 18 岁每年的身高变化：

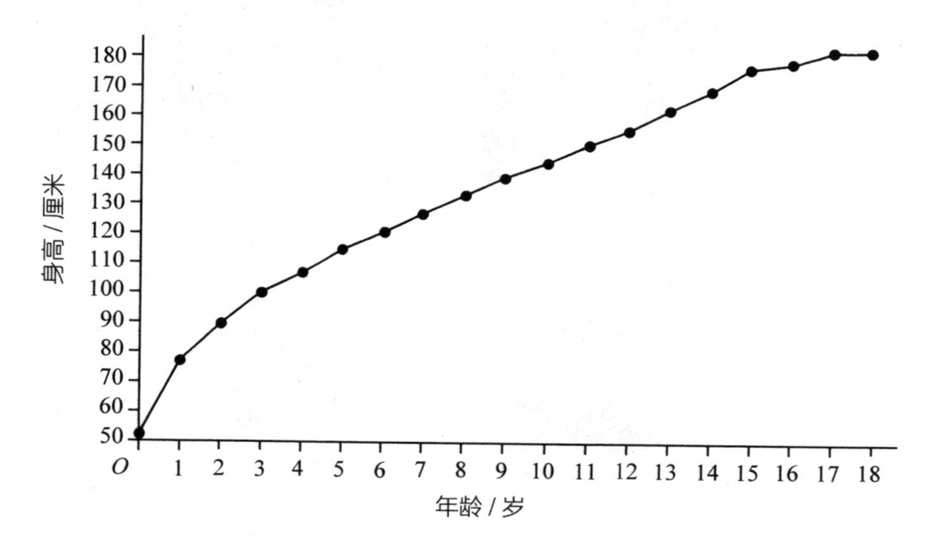

图中左下角是水平比例尺和竖直比例尺的起点，也就是我们通常所说的 x 轴和 y 轴的交点。

把表示每年身高的所有点连起来，我们就可以看出男孩从出生到成年身体长高的规律。很明显，男孩在起初几年身高增加得很快，但是快到 18 岁时长高速度就减慢了。

画出将来

上页的折线图包括了你需要的所有信息。那如果你想用它来找出未来趋势，又该怎么办呢？

举个例子来说：一个乘客坐在一辆行驶的汽车中，每隔 200 米记录一下汽车行驶所用的时间。数据被整理成下表：

距离 / 米	时间 / 秒
0	0
200	22
400	35
600	57
800	84
1000	96
1200	123

我们把上述数据画到以时间为 x 轴、距离为 y 轴的图表上，如右下图所示。

因为汽车的速度一直在变，所以我们不是简单地把所有的点连起来，而是画了一条最佳拟合线，让它通过尽可能多的点。这条直线就给出汽车的平均速度。（详见第75—77页）

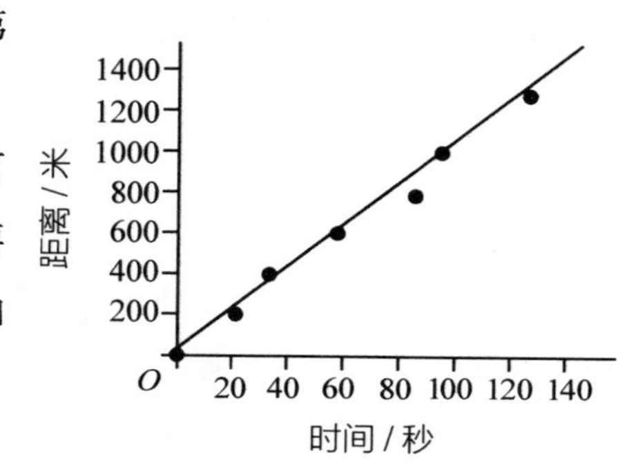

利用这条最佳拟合线，你可以算出该汽车行驶 1400 米所需要的时间。统计图上的直线显示如果汽车继续以该平均速度行驶，那它行驶 1400m 就需要 132 秒。

跟踪趋势

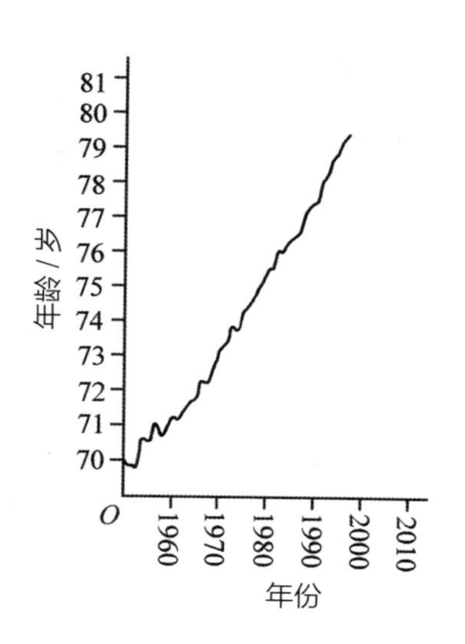

从统计图上还可以看出“趋势”。所谓“趋势”就是事物发展的大致方向。左面这个统计图统计了英国人从 1960 年到 2010 年的平均寿命。可以看出，随着时间的推移，人的寿命是越来越长的。

如果把这条趋势走向线修正成一条最佳拟合线，从它就能看出平均寿命的平均增长。1960 年平均寿命是 71 岁，到 2010 年就超过 80 岁了。也就是说 50 年来平均寿命增加了 9 岁。

如果把直线延长出去，我们就可以推算*出未来10年的平均寿命。如虚线所示，2020年平均寿命将会是81岁左右。

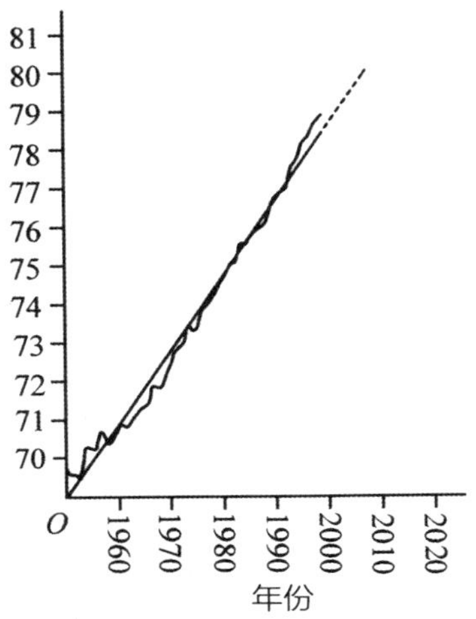

错误和误解

有时候，统计图上的数据看起来会有点怪。下面的3张图表示关于一种治打嗝药的服用量数据。

图1是所有数据的最佳拟合线。看起来像是吃20片这个药，你就不会打嗝了。

其实观察每次服用一定量后的实际打嗝次数，你会发现数据很分散，根本不存在一个趋势走向（图2）。

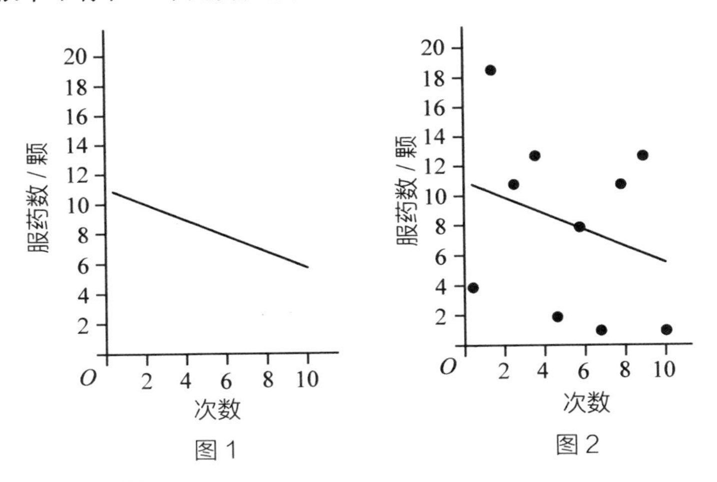

图1　　图2

* 推算时一定要谨慎，要综合实际情况作考虑：像这个寿命趋势图，假如我们反过来说，每50年平均寿命减少9岁，那最后会推算出某年平均寿命是0岁！这是不可能的。

实际上，如果你去掉一个数值（图 3），最佳拟合线就变了，看起来像这个药吃得越多，打的嗝就会越多！

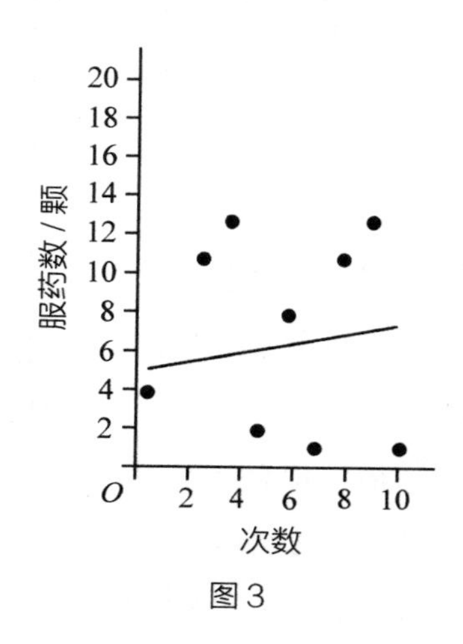

图 3

这更说明分析数据时一定要小心谨慎。

开始推算时你能很容易得到一个结论，但它很有可能会误导大家！

绘图时，你最好应用一些计算机软件来帮助你画出最佳拟合线，保证你的结果符合逻辑。

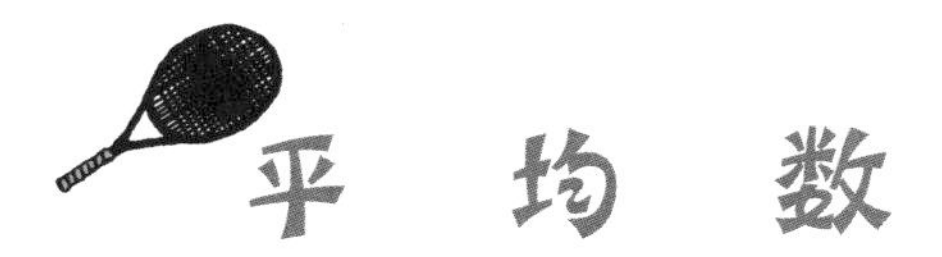

平 均 数

图像只是处理数据的一种方法，它们和下面的方法一起，构成了数学中的一个领域——统计学。

算平均值

假如你每天都要坐公共汽车，那你可能想知道坐车走这段路程的平均时间。首先，你得记录下几次走这段路程所需的时间（分钟）：

12，11，12，12，9，9，13，15，13，13，13，13，10，10，10

这些数到底怎样帮助你呢？为了算出平均时间，先把所有的数加起来，然后把所得到的和除以数的个数。这个例子里的和是 175，共有 15 个数，所以

$175 \div 15 = 11.7$

也就是说走这段路程所需的平均时间是 11.7 分钟。

中间的叫什么

有时候我们也可以不算出平均值，而是找出“中位数”。首先我们把所有的数从小到大排好，中位数就是这组数中间那个数。例如下面有 15 个数，中位数就是第 8 个数 12，就是用黑体标出的那个：

9，9，10，10，10，11，12，**12**，12，13，13，13，13，13，15

如果所有数的个数是偶数，那中位数就是中间两个数加起来再除以 2：

9，10，11，12，12，**12**，**13**，13，13，13，13，15

上面的例子里，12 和 13 是中间的两个数，加起来等于 25，那中位数就是 25 ÷ 2 = 12.5。

众数

在数据集里还能发现的第三种数就是众数，众数就是出现次数最多的数。

9，9，10，10，10，11，12，12，12，13，13，13，13，13，15

在这堆数里，众数就是 13，因为它出现了 5 次，出现次数最多。

数据误差

继续上页坐公共汽车的例子。要是有一天公共汽车严重误点，那天你在路上花了 80 分钟而不是 12 分钟，那么这些数据统计值又会发生怎样的变化呢？首先看平均数：15 个数的总和就不是 175，而是

243 了，所以平均数就提高为 16.2 分钟。这样就影响了平均时间的准确性。在这种情况下，中位数和众数比较有用，因为它们并没有改变。可以用它们来纠正误差。这也正好说明，在得出一个结论前，一定要把数据整理归类。

分　类

假设测量了 1000 个男人的身高，并记下所有数据。

直接处理这 1000 个数比较费事。但是我们可以把它们按升序形式排好，然后把它们划分成几个范围：140 到 144.9 cm 之间，145 到 149.9 cm 之间，等等。接着清点每一范围内的人数，并把它们画成直方图。如下图所示：

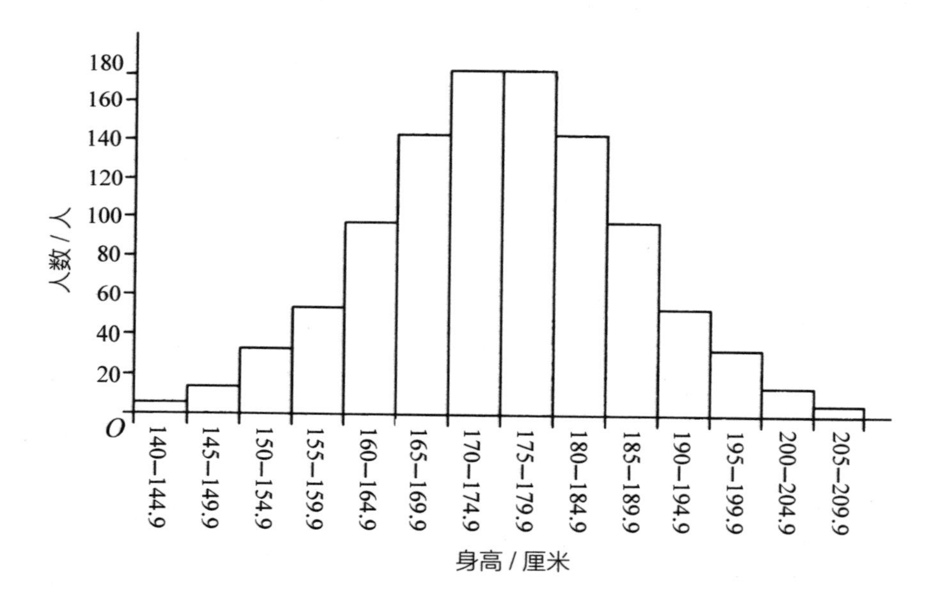

像这样图形呈对称分布的，那么平均值、中位数和众数都是在中间同一位置。

把数据归类并画成图后，我们可以看出 1000 个人中，只有少数人特别矮或者特别高，大多数人的身高都在平均值左右。

维恩先生的数字圈套

有时候折线图像和条形统计图并不是表示数据最有效的办法。如果需要表示不同数据集合之间的关系，维恩图会更有用。之所以用维恩来命名，是因为这是由维恩在 1880 年想出的主意，就是用重叠的圆圈来表达不同数据集合之间的关系。圆圈的重叠部分代表两个数据集合的共同部分。

给豌豆一个机会

在你的 20 个朋友中做一个调查统计，问他们是否喜欢冰激凌或者豌豆时，你可能就会用到维恩图来显示统计结果。在这个例子中，

18 个朋友喜欢冰激凌，其中 8 个还喜欢豌豆，还有两个朋友只喜欢豌豆，不喜欢冰激凌。

圆圈 A 表示喜欢冰激凌的朋友。圆圈 B 表示的是喜欢豌豆的朋友。

交集区域 C 表示既喜欢冰激凌又喜欢豌豆的朋友，也就是这两个数据集的共同部分。

对 100 个人的调查统计

X 教授发明了一个机器人叫吉兹默德，希望能热卖。吉兹默德会踢足球，会打网球；当你在学校时，他还能帮你照顾宠物狗。看起来是个好想法吧！因为足球和网球都很流行，而且许多人的宠物狗需要照顾。

为了确定开发这款产品的必要性，X 教授决定先做一个市场调查。他询问了 100 个人是否踢足球或者打网球，以及是否有宠物狗。结果

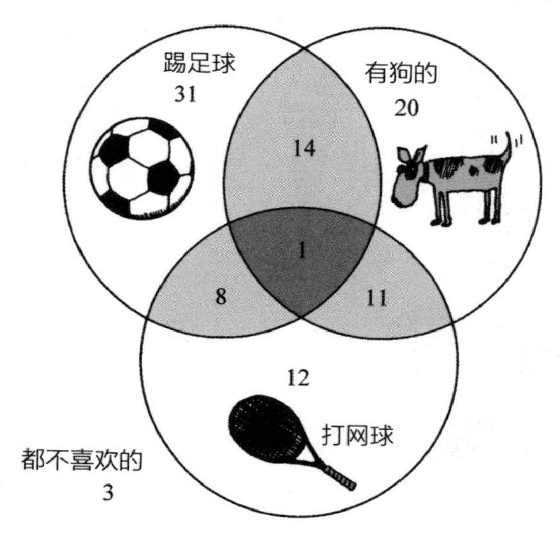

是 54 个人喜欢踢足球，32 个人喜欢打网球，46 个人有狗。只有 3 个人既不喜欢踢足球，也不喜欢打网球，而且还没有狗。

调查结果似乎表明机器人的市场前景让人充满信心，但当我们用维恩统计图来表示这几组数据相互之间的交集，就会发现事实并不乐观。我们把那些三者都不喜欢的人（3 人）放在圆圈外。

维恩图让我们一目了然。我们可以看出喜欢每一单项的人有多少，也可以看出喜欢其中两项的，甚至全喜欢的人有多少。

所以从图中可以看出，X 教授调查的这 100 个人中间，实际上只有一个人这三项都符合，也就是说只有一个人才会充分利用这个机器人的所有功能！

一块分得很好的饼

你还记得第 71—72 页上对草地生物进行的调查统计吗？那次的调查统计发现有 4 条蚯蚓、16 只蚂蚁、3 只甲壳虫和 1 条毛毛虫。这里我们是把它们一样一样罗列出来，但我们还可以用一个饼状图，直观地把它们的数量关系表达出来：把饼分成不同大小的块以表示各项调查结果。

绘制饼状统计图

你可以利用计算机帮你绘制一个饼状统计图，只要把有关数据轻轻松松输入电脑就行了。但是如果你要手绘一个饼状统计图，那就得计算出每一类爬行动物所占饼状图的大小比例，也就是要算出代表每一类生物的每一块扇形的度数。

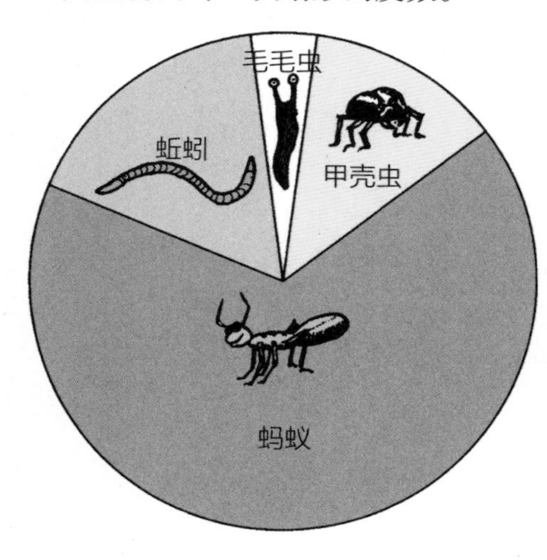

首先，把所有爬行动物数目加起来，得到总数 24，然后算出每一类生物占的比例。

16 只蚂蚁占 $\frac{16}{24}$，简化成 $\frac{2}{3}$，或者用小数 $0.\dot{6}$ 表示。（可以回到第 19 到 21 页重新回顾一下如何换算分数和小数）

$0.\dot{6}$ 乘以 360° 等于 240°，也

就是把圆周角分出 240° 来表示蚂蚁。同样方法算出蚯蚓是 60° 的扇形，甲壳虫是 45° ，毛毛虫则是 15° 。这样一张饼状统计图就画好了。你应该也注意到了，所有种类所占扇形的角度加起来的总和正好是 360° 。

接下来会发生什么

有时候需要知道将来可能会发生什么。例如，你想知道周末是否会下雨，或者说想知道你去度假时是不是好天气。虽然说很难百分之百地正确预测将来的情况，但我们可以说发生的可能性有多大，并可以用数来表达发生的概率。

怪得很

有一类数学家被称为统计学家，他们是真正沉迷于统计学的人，他们一生都在计算事物发生的可能性。

例如，彩票中奖的可能性是一千四百万分之一，所以说要是你中奖了，那真是非常幸运。被雷击的可能性是三百万分之一，这不能叫幸运，但也不太可能经常发生。

可能性有多大

预测事物发生的可能性不是一件简单的事。例如，掷骰子时扔出数字“6”的机会有多少？要想算出来，首先你得找出一共有几种结果，也就是能扔出多少个不同数字，然后看出现一次“6”的机会占总结果种数的比例。

因为骰子有 6 个面，所以掷骰子时只会扔出 6 种结果。但是只有一个数字是你想要的，也就是说扔出这个数字的可能性就是六分之一。

如果你想知道扔出偶数的可能性，而不是说某个特定数字，那就得知道扔出偶数的次数。因为有 3 个偶数，所以说扔出偶数的可能性就是六分之三，等于二分之一。当然扔出奇数的可能性也一样。

完全可以预测

统计学家真正关心的是“概率”，就是事物发生的可能性，它可以用 0—1 之间的小数来表示。

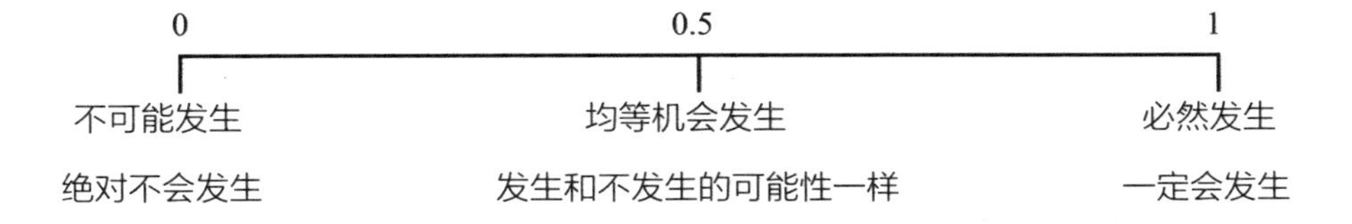

例如，一条宠物金鱼会在某天死掉的概率是 1，因为金鱼最后都会死。你也可以用分数或者百分数来表示概率：金鱼会在某天死掉的概率是 100%。

更精确地表达

在谈到概率时，你一定要记住：表达方式不同，可能性也会随之改变。你必须精确地描述事情发生的条件。例如，金鱼在某个特定日子的某个特定时间死掉的概率和会在某天死掉的概率是不一样的。

健康问题的正确假设

还记得第 99—100 页那个用来治打嗝的药吗？如果它真的是一种药，在投放市场前，科学家必须进行测试，百分之百地保证药的安全性。

测试新药的科学家们一般都会构想出一个假设，然后试图证明或者推翻这个假设。他们先收集和分析测试数据，看所得到的结果是真实的还是纯粹出于偶然，然后他们判断采集的数据对于统计来说是否重要。如果说药的有效率是 0.99 或者说 99%，那就可以很确定地说药是有效的。不像前面提到的假想的治打嗝的药，根本没用。不过即使测得新药对治疗有效，仍然还要测试药对人体的安全性。

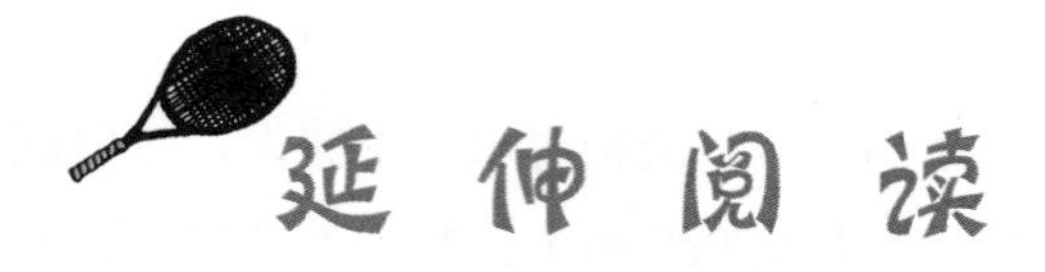

莱布尼茨（1646—1716）

莱布尼茨开拓了数学的几个新领域，包括逻辑学以及与代数和几何有关的一门数学分支——“微积分学”。他和牛顿为是谁发明了微积分学争论了很多年。他还发明了第一台机械式计算器。

欧拉（1707—1783）

欧拉是瑞士数学家，他一生出版了很多论文和著作，从代数到三角，涉及范围很广。甚至在1766年失明后，他还继续发表论文，直到去世。

高斯（1777—1855）

高斯很小的时候就显示出数学天赋。他在数学的多个领域里做出了很多杰出贡献，包括统计学、数论和几何学。他还正确地计算出矮行星——谷神星的出现时间。

高超的数学

最高机密

4000多年前，人类就使用密码发送消息了。编制代码的方法，有的是交换字母表中的字母，有的是使用一些符号，但很多是依靠数学编制的。研究编制代码和破译代码的科学就叫密码学。

恺撒密码

早在2000多年前，罗马的恺撒大帝就设计出了一种叫作移位密码的简单密码。就是在你的消息文本里，将每个字母用字母表中与这个字母相隔固定距离的字母来替代。恺撒大帝通常是用字母表中在当前字母后面的第三个字母来替代，就是A变成了D，B变成了E，以此类推。

输在频率上

这种移位密码的缺点是很容易破解。因为这种密码里一些字母出现的次数比较多，而且呈现出一定的规律。例如，在英语里，E是出现得最多的一个字母。所以你在破译密码时，首先看哪个字母出现的次数最多，这样就很容易看出是什么字母取代了E。假如说字母H出现得最多，那就可以判断，这个文本里的字母很有可能是用它之后的第三个字母替代的。

1465年，一位叫阿尔贝蒂的意大利人出版了第一本《字母出现频率表》，里面描述了每个字母出现的频率，帮助人们来破译简单的密码。

是波里比阿吗

大约在公元前200年，一位叫波里比阿的希腊人创建了一种密码，它比前面那种简单的替代密码更有效一点，就是把字母按一定顺序写在一个方格子里，如右下图所示。

在你用波里比阿方格给消息加密时，只要把每个字母用行号和列号的两个数字来替代。例如，字母H就变成了23。试一试用波里比阿方格来破译下面一段消息（答案见下页）：

	1	2	3	4	5
1	*a*	*b*	*c*	*d*	*e*
2	*f*	*g*	*h*	*i/j*	*k*
3	*l*	*m*	*n*	*o*	*p*
4	*q*	*r*	*s*	*t*	*u*
5	*v*	*w*	*x*	*y*	*z*

54，34，45，51，15，13，42，11，13，25，15，14，24，44，43，45，35，15，42，43，31，15，45，44，23!

解锁方格

	1	2	3	4	5
1	*z*	*e*	*b*	*r*	*a*
2	*c*	*d*	*f*	*g*	*h*
3	*i/j*	*k*	*l*	*m*	*n*
4	*o*	*p*	*q*	*s*	*t*
5	*u*	*v*	*w*	*x*	*y*

一旦你发现出现最多的字母E是被15替代，那就很容易破译这种密码。但是你也可以加一个“密钥”来使密码更难被破译。就是加一个单词，改变字母在波里比阿方格里的排列位置。使用这种加密法时，发给你消息的人和你都要

有同一个密钥。例如：在你们用 ZEBRA 这个密钥时，首先把这 5 个字母放到方格子里，接着按序放入余下的字母。这样破译者必须知道密钥才能把其他字母放到合适的格子里而破译消息。

You've cracked it, Supersleuth!（哇，破译出来了，你真是个了不起的美国联邦调查员！）

完破英尼格玛密码

20世纪20年代有人发明了一种叫英尼格玛的密码机，它看起来像是一台打字机。第二次世界大战中德军就用它来加密消息。当输入消息时，机器内一系列转子将字母打乱，形成密文，以保持通信秘密。

英尼格玛密码机的加密方法非常复杂，许多人认为无法破译，因为它综合了多种多样的加密方法。而且更复杂的是，每到午夜密钥都会改变。即使这样，有一群人还是孜孜不倦地工作着，想方设法要破译这个密码。其中有一位叫图灵的人，和他的同事们住在英国的布莱奇利庄园，他们有一台英尼格玛密码机和一台叫波姆的电磁机。他们把一小节已经破译的短信输入到波姆机里，就能够排除不正确的设置，然后找出正确的设置。据说，破译英尼格玛这个最高机密项目，对提前结束第二次世界大战做出了很大贡献。

计算机加密

现在使用计算机对信息进行加密或解密，简直易如反掌，瞬间完成。像互联网、银行信息、邮件等等都是以一种极其复杂的方式被计算机加密的。有时黑客会用更巧妙的方法来破译，从而获取相关信息。

x 因数

数学里有一个领域称作“代数”，它利用一些已知条件来计算出你想要知道的信息。你所需要做的就是让方程两边相等。下面我们讲一讲如何进行这种计算。

简单方程

在你第一眼看到这样的方程 $x = 2 + 1$ 时，是不是觉得有点怪？有一个简单的思考方法能帮你解出这个方程。想象一下，你面前有一台

老式天平秤，你把这个方程的两边分别放到秤两边的盘子里。方程的左边必须等于右边，那方程的解 x 的值必须等于另外一边的值。$2 + 1$ 是 3，那为了让秤平衡，x 也必须是 3。

$$3 = 2 + 1$$

简单的减法

你也许会碰到这样的方程“$x + 1 = 2$”，看上去比上面的方程要麻烦一点，但是方程两边一定相等的规则还是适用的。这次为了算出 x 的值，你需要重新排列方程，把 x 单独放到等号的一侧：$x + 1 = 2$，就是

$$x = 2 - 1$$

换句话说，就是 $x = 1$，所以方程就是简单的 $1 + 1 = 2$。

复杂的乘法

有时可能会碰到需要用乘法来解出的方程

$$x \times 3 = 10 \times 2 + 1$$

方程右边的写法有点让人混淆：是 $10 \times 2 = 20 + 1 = 21$ 还是 $10 \times 3 = 30$ 呢？数学家们想出一个法子来明确计算顺序，就是使用括号，并且规定要先进行括号里面的运算。所以，把这个方程写成

$$x \times 3 = 10 \times (2 + 1)$$

就把事情明朗化了，$x \times 3 = 10 \times (3) = 30$。

因为 $x \times 3 = 30$，为了算出 x，我们必须把方程两边都除以 3，这样就得到 $x = 30 \div 3 = 10$。

代数有何用

看着这些方程，你大概会想代数到底有什么用呢？解出上面两个方程看似有点麻烦，但是实际上代数对于很多科目都很有用，不仅仅是数学。

例如：在物理学方面，很多重要的定律都可以简化成方程，像伽利略的落体定律（参见第 76—77 页）。化学、会计学甚至地理学也都用到了这个方程。

好样的，福尔摩斯

逻辑学是数学的又一个领域，像其他许多领域一样，它也起源于古希腊。逻辑学被用来通过严格又正规的方法和系统来证明理论或者思想。

按理说

传统上来说，逻辑学应该是哲学的一个分支，哲学就是研究思想的科学。逻辑学的一个最著名的例子就是“三段论”，由希腊的思想家苏格拉底创造：

所有的人都是凡人，

苏格拉底是人，

所以苏格拉底是凡人。

逻辑学并没有告诉你前提是否正确，但是如果前提是正确的，它就能根据前提推断出结论。例如，如果发现苏格拉底实际上不是人，而是一个雕塑，那结论就是错误的。所以像这样叙述会更正确：

如果说“所有的人都是凡人”是正确的，

而且“苏格拉底是人”也是正确的，

那“苏格拉底也是凡人”肯定是正确的。

不管苏格拉底是人还是雕塑，现在的论述和推断肯定没问题了。

应用逻辑

上述的逻辑方法在数学里非常有用。它可以让你看出有关论述的结构，帮助你准确指出症结所在。也可以保证对所有计算出的东西有一个正确的表达。

重塑新逻辑学

在 19 世纪，一位名叫布尔的数学家发现，哲学里应用逻辑的方法在数学里也适用。这个思想后来发展成为布尔代数。

20 世纪 3 位著名数学家弗雷格、罗素和怀特海捡起布尔的著作重新研究，得到更完善的结论。他们的研究证明，通过某些确定的规则，任何数学理论都可以用逻辑来证明。

数学机器

算盘是历史上第一个计算设备，早在4000多年前就有人使用了。多少世纪以来，人类发明了更多的计算机器，包括1822年巴贝奇发明的差分机，它使用一系列的齿轮来进行计算和储存数据。

开，关

今天我们使用的计算机的发展多亏了逻辑学，它是从开关的轻巧闭合和断开起步的。

在20世纪初，人类发明了触发器，它是一种可以用来储存信息的开关。

如果输入一个电脉冲到一个有触发开关的电路中，灯泡就亮了。

再输入第二个脉冲，灯泡就灭了。这听起来没什么令人印象深刻的，对吧？但实际上它使触发电路以一种最简单的方式储存了信息，这个信息就是它收到了一个电脉冲这一事实。

看起来还是没有什么突破性的东西，而且当时也确实没有引起很大的轰动。但是把大量的触发电路组合在一起，一排灯泡有的亮有的灭，就存储了一列脉冲。

回到二进制

现在我们赋予灯泡的亮和灭一些数学意义，就会发现触发开关有一些有趣的事情：如果我们定义灯泡的“亮”和“灭”为数“1”和“0”，那它们看起来就越来越像二进制的代码。（参见第 6—7 页）

请看下图，灯泡序列是：

或者用二进制数来表示，就是1001。如果你还记得1、2、4和8这些数位，你就知道这是说一个8和一个1，加起来就是9：

8	4	2	1
1	0	0	1

现在将电路连在一起，两排灯泡序列也就加在了一起。也就是说可以利用它们来进行计算。可以设计出不同的电路，以不同的方式相互影响。例如，可以这样连接灯泡：若两个灯泡中的一个亮或者两者都亮起，第三个灯泡一定亮起。

或者连成这样：

若前两个灯泡都不亮，则第三个灯泡也不亮。

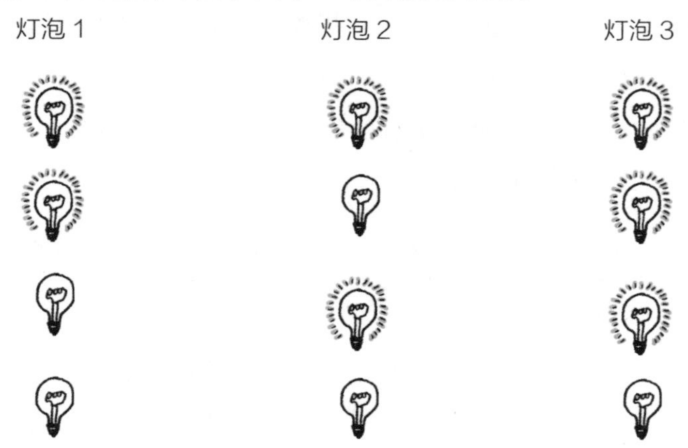

以上的电路就是所谓的“逻辑电路”。它代表如果前两者中有一个是正确的，那第三个也是正确的。（参见第 122 页）

早期的计算机

到底哪台才是世界上第一台计算机，大家一直争论不休。但不管结果如何，反正那时计算机的共性就是体积庞大，能够摆满整个房间；而且非常昂贵，还需要许多人来操作它。

可以放在口袋里的计算机

20 世纪 60 年代末，被称为微型芯片的“集成电路”飞速发展，人类可以制造出小很多的计算机。这时便有了家用计算机。第一台家用计算机的内存非常有限，只有 16KB，程序则加载和存储在盒式磁带上。不可思议的是，仅仅过了 40 年，人们就可以利用有庞大内存的手机来浏览互联网了。

证 明 它

我们在接受每一个新定理之前，都必须证明它。当然，有各种各样的方法来提出证明。

逆向思维

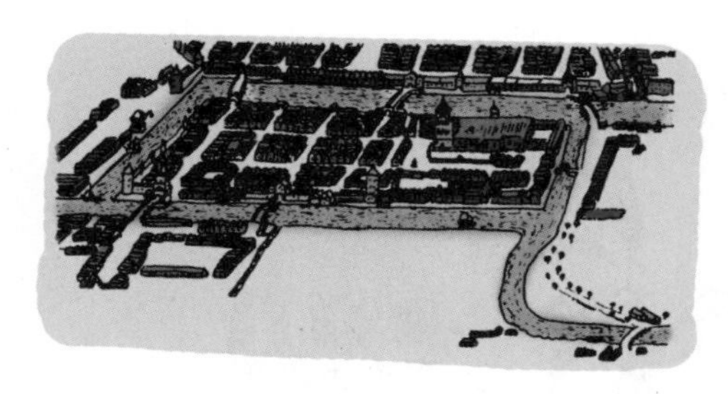

为了证明一个陈述是正确的，我们可以先提出一个相反的陈述。如果能证明这个相反的陈述是错误的，那一开始的陈述就是正确的。我们称这种方法为反证法。

反证法的一个最好例子，就是瑞士数学家欧拉用它成功解决了一个难题。问题是这样的：有 7 座桥将哥尼斯堡的 4 个地区连接起来（如上图），那么是否可能每座桥只通过一次，又回到起点？如果把每种路线都试着走一遍，那将非常费时间。但欧拉足不出户，就用反证法轻轻松松找到了答案。

第一步，假设肯定有一条路线可以每座桥只通过一次，再回到起点。他很快推理出，如果要通过每座桥一次，再回到起点，那必须有偶数座桥。如果只有一座桥，那一定得通过这座桥两次，才能回到起点。如果有 3 座桥，那你可以从一座桥出发，通过另一座桥回到起点，那你就没通过第三座桥。现在有 7 座桥，欧拉就用反证法证明，不可能每座桥只通过一次，再回到起点。

循环论证

上面这个标记就是“悖论”的一个例子，自相矛盾。根本不可能照着它说的来做。在我们周围有很多悖论，其中有一些只是搞笑，但是有一些却能够用来检验数学的限度。

理发师悖论

“一个理发师只为那些不为自己剃须的人剃须。”

这个悖论据说是罗素提出的。它是自相矛盾的：如果理发师为自己剃须，那他就是那些为自己剃须的人中的一个，按照他的说法，他就不能是理发师。

不完全性定理

1931年，奥地利数学家哥德尔出版了他的《不完全性定理》。它证明了即使在很复杂的逻辑系统中，总有一些陈述是不能被证明或否证的，这些系统总有不可弥补的缺陷。他也说明数学就是这些系统中的一个。意思就是说，数学中的一些部分无法被证明，还有一些部分永远不会被发现。如果不能发现它们，那怎么可能知道它们是什么呢？乱七八糟！

延伸阅读

爱因斯坦（1879—1955）

爱因斯坦是德裔美国物理学家，他经常抱怨说自己不擅长数学。尽管如此，他还是建立了一种新的关于引力的数学理论，改进了牛顿的理论。他还详述了时间如何变慢或者加快，并且创建了世界上最著名的方程 $E = mc^2$。对于认为自己不擅长数学的人来说，这个成就很伟大！

哥德尔（1906—1978）

哥德尔提出，数学领域内存在着不可弥补的缺陷和不可证明的定理，他还探讨了关于时间旅行的想法。

图灵（1912—1954）

在第二次世界大战时，德军用英尼格玛密码（参见第 119 页）给消息加密。通过借鉴波兰数学家雷耶夫斯基等人的工作，图灵和他的同事们最终破译了当时认为无法破译的密码，这一成就促使战争提早结束。

数学天才

$\eta_i(t) \approx \sum_{j=1}^{m} \gamma_{ij}(t)\xi_j(t) + \sum_{j,k=1}^{m} B_{ijk}(t;t-\lambda)\xi_j(t)\xi_k(t-\lambda) + \sum_{j=1}^{m} \int_{t-\lambda}^{t} \gamma_{ij}(\tau)\xi_j(\tau)d\tau +$
$+ \sum_{j,k=1}^{m} \xi_k(t-\lambda) \int_{t-\lambda}^{t} \frac{\partial B_{ijk}(\tau;t-\lambda)}{\partial \tau} \xi_j(\tau)d\tau + \sum_{j,k=1}^{m} \xi_j(t) \int_{t-\mu}^{t-\lambda} \frac{\partial B_{ijk}(t;\theta)}{\partial \theta} \xi_k(\theta)d\theta +$
$+ \sum_{j,k=1}^{m} \int_{t-\lambda}^{t} d\tau \int_{t-\mu}^{t-\lambda} \frac{\partial^2 B_{ijk}(\tau;\theta)}{\partial \theta \partial \tau} \xi_j(\tau)\xi_k(\theta)d\theta \quad , i = 1, 2, \ldots, n.$

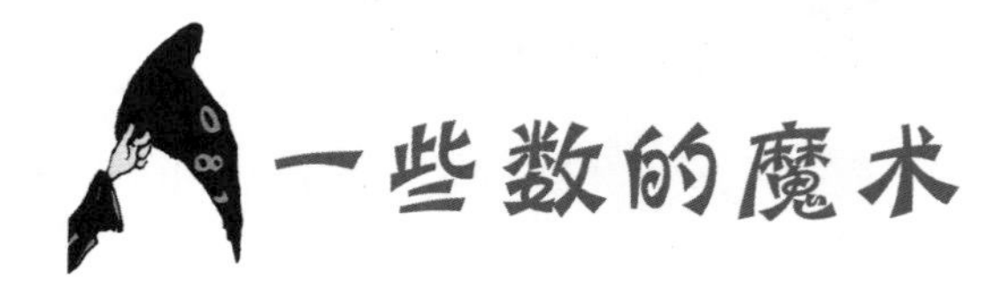

一些数的魔术

如果你想向朋友们炫耀一下你的魔法，或者想用惊人的数学技能打动你的老师，那请看接下来的文章，它们能帮到你！

下面就是一些有趣的关于数的魔术、数学速算和窍门的选粹，以及数学口诀的集锦，帮助你记住一些应用方便的数学小知识。

魔术：秘密助手

表演这个魔术时你需要在观众中挑选一位秘密助手，他必须会心算，也要会表演，尤其是在你给他暗示时要表现出被惊呆了。另外还需要 3 个人来参与。为了保证这个魔术表演成功，你要稍做一些准备。

准备工作：

在观众就座前，你和助手要提前商量好一个大于 6000 的数，在表演的第 1 步里这个数会写下来放到信封里。

你的助手要会用这个数来减去第 3 步、第 4 步和第 5 步所决定的数，这就是为什么要心算好的人来担当助手。

在第 6 步中你要选你的秘密助手作为参与观众，他会用上面几个数做减法而得到的答案作为所选年份。这样才能和先前商量好写在信封里的数吻合。

表演开始：

1. 你用夸张的语气开场："我在想一个数。"然后很夸张地写下刚才准备时和助手商量好的那个数，假设是 7684，然后封在信封里。

2. 在接下来的魔术表演时间内，要一直把信封留在观众的视觉范围内，让他们可以清清楚楚地看到。

3. 询问一位观众的出生年份，并把它写在一张大纸上，比如说 1973 年。

4. 现在问另一位观众他生命中最值得回忆的年份，也许是 2009 年，好，也写下来。

5. 接着问第 3 位观众历史上随便某个有名事件的发生年份，举例说是 1066 年，也写下来。

6. 告诉你的观众，接下来你会让这个魔术变得难一些，你需要再请一位观众，在刚才的 3 个年份后面，再写下一个年份，不管过去的还是将来的年份都可以。当然不能让你看到。这时你一定要选你的秘密助手来充当这个观众，做这件事！因为这时需要写出的数是算好的。按上面第 3、4 和 5 步中写下的数，这个数必须是 $7684 - 1973 - 2009 - 1066 = 2636$。

7. 好，现在请你的秘密助手把纸上的 4 个数字都加起来，并准备好宣布答案。这时，你把封好的信封递给另一个观众。

8. 在你的秘密助手宣布答案是 7684 时，观众们打开信封后也会觉得非常神奇，因为他们发现里面的数字就是 7684，一模一样！

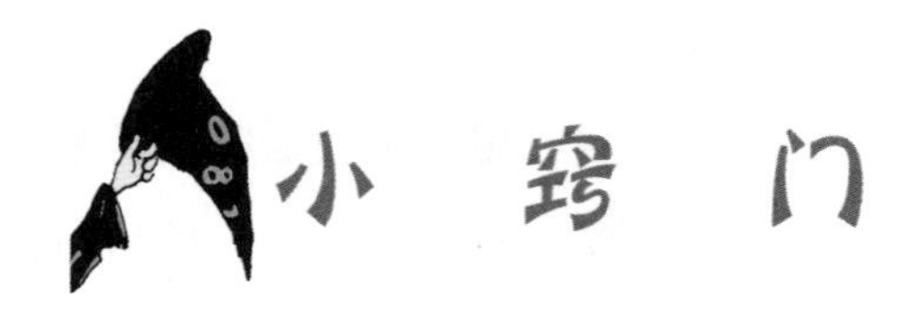

在你用一些数进行运算时，一些简便方法可以帮你快速运算。接下来告诉你一些小窍门：

被 5 除

除非你默记了所有除以 5 的答案，要不计算起来还是有点麻烦，但是除以 10 就简单多了。所有要除以 5 的数，你都可以先除以 10，然后加倍即可，因为 $5 = 10 \div 2$。

例如，乍一眼看到 $90 \div 5$ 觉得有点难，但是 $90 \div 10$ 就直观多了，就等于 9 嘛。

接下来你只要简单地把 9 乘以 2 等于 18 就得到了答案，所以说

$90 \div 5 = 18$

好，再试一些稍微大一点的数，比如说 $280 \div 5$, 这个方法仍然管用：$280 \div 10 = 28$， $28 \times 2 = 56$, 所以 $280 \div 5 = 56$。

能整除吗

怎么猜一个数可不可以被整除？请看下面的小窍门：

如果一个数能被 3 整除，那它每一位上的数加起来所得的和必定是 3 的倍数。例如说 8094 是能被 3 整除的，因为 $8 + 9 + 4 = 21$。

如果一个数能被 4 整除，那它的最后两位都是零或者这个两位数

能被 4 整除。

如果一个数能被 10 整除，那它的个位总是零。

乘以 11

如果要计算一个数乘以 11，那你先把这个数乘以 10，再加上这个数本身即可得到答案。例如："425 乘以 11 等于多少？"首先 425 × 10 = 4250，然后加上自己，4250 + 425 = 4675，所以说 425 × 11 = 4675。

乘以 9

在你计算一个数乘以 9 时，也有一个小窍门帮你很快算出答案。

1. 展开你的双手，手掌心朝向你；

2. 把要乘的这个数所对应的手指弯曲，譬如说要计算 9 × 4，那就弯下你左手的第四个手指；

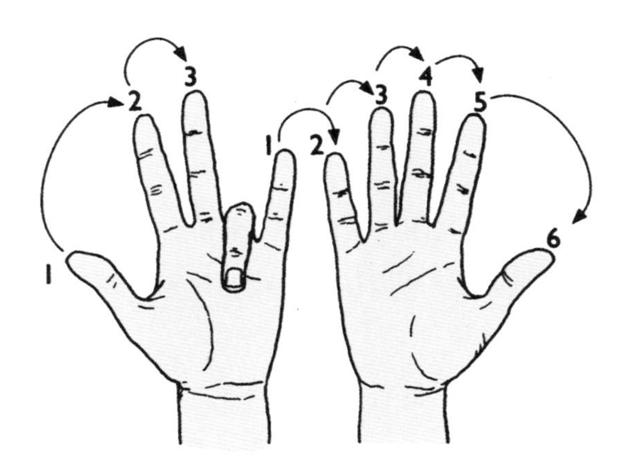

3. 数一下弯曲手指左边的手指个数，在这个例子里就是 3，它是所得答案的十位上的数字；

4. 再数一下弯曲手指右边的手指个数，在这个例子里就是 6，它是所得答案的个位上的数字，所以说答案就是 36。

速算

把很多数加起来是一件很艰难的事，尤其在数还不是整数的时候。请看下面的例子：

73.4 + 98.0 + 61.9 + 83.1 + 3.6 + 56.6 + 64.1 + 50.0 = 490.7

如果你只是想得到一个粗略结果，那可以把它们四舍五入到最近似的一个数，再做加法，这样造成的误差会比你想象的小：

73 + 98 + 62 + 83 + 4 + 57 + 64 + 50 = 491

如果你想节约时间，那你可以把它们简约成最近似的整十数，误差不会超过 3%：

70 + 100 + 60 + 80 + 0 + 60 + 60 + 50 = 480

我多大

这个巧妙的游戏就是用计算的魔力来猜对方的年龄。它适用于猜测任何超过 10 岁的年龄，所以这个游戏能让老师或者家长啧啧称奇。请看游戏步骤：

1. 请对方把他的年龄的首位数乘以 5，不要告诉你结果。例如，假设对方的名字叫乔，他的年龄是 23 岁，那么 2 × 5 = 10。

2. 请对方在上一步得到的结果上加 3。这个例子中，就是 10 + 3 = 13。这些计算的结果都不应让你知道。

3. 请对方把上一步得到的结果乘以 2。这个例子中就是 13 × 2 = 26。

4. 接着请对方把第三步得到的结果加上他年龄的第二位数。在这个例子中，乔现在就会得到 29 这个数（26 + 3 = 29）。这时请对方把所得结果告诉你。

5. 现在你把对方告诉你的最后结果减去 6。瞧！这个结果就是对方的年龄。

这个游戏适用于任何超过 10 岁的年龄，神奇吧？

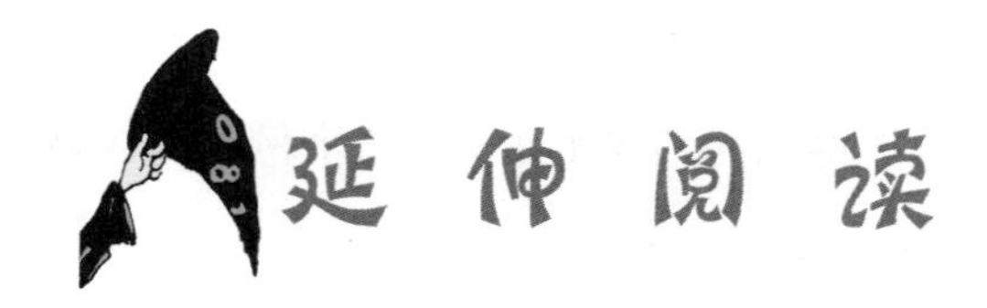

拉马努金（1887—1920）

拉马努金是印度数学家，他从小就显露出令人难以置信的数学天赋。十几岁时他就提出了自己的理论，不幸的是，32 岁时他就去世了。好在那时他已经发表了很多论文。

怀尔斯（1953— ）

怀尔斯是美国普林斯顿大学的数学教授，他花了 10 年的时间，用篇幅长达 200 页的论文，在 1995 年成功证明了“费马大定理”。

From Zero to Infinity (And Beyond):
Cool Maths Stuff You Need to Know
By
Mike Goldsmith & Andrew Pinder

图书在版编目(CIP)数据

数学妙无穷：炫酷好玩的数的知识/(英)迈克·戈德史密斯著；张晓红译.—上海：上海科技教育出版社，2019.8

(厉害坏了的科学)

书名原文：From Zero to Infinity

ISBN 978-7-5428-6985-2

Ⅰ.①数… Ⅱ.①迈… ②安… ③张… Ⅲ.①数学—青少年读物 Ⅳ.①01-49

中国版本图书馆CIP数据核字(2019)第069758号

责任编辑 侯慧菊
装帧设计 杨 静

厉害坏了的科学

数学妙无穷——炫酷好玩的数的知识

[英]迈克·戈德史密斯(Mike Goldsmith) 著
[英]安德鲁·平德(Andrew pinder) 图
张晓红 译

出版发行 上海科技教育出版社有限公司
(上海市柳州路218号 邮政编码200235)
网 址 www.sste.com www.ewen.co
经 销 各地新华书店
印 刷 常熟市文化印刷有限公司
开 本 720×1000 mm 1/16
印 张 9.5
版 次 2019年7月第1版
印 次 2019年7月第1次印刷
书 号 ISBN 978-7-5428-6985-2/G·4036
图 字 09-2015-003号
定 价 42.00元